처음 읽는
플랜트 엔지니어링 이야기

모든 물건의 시작, 플랜트 ◎ 플랜트의 시작, 플랜트 엔지니어링

처음 읽는

플랜트
엔지니어링
이야기

박정호 지음

플루토

플랜트 분야로의 진로를 희망하는 대학생과 플랜트 엔지니어링 입문자를 위한 필독
서로 강력히 추천한다. 이 책은 플랜트의 기본부터 기술적인 부분까지 아주 쉽게 풀
어낸다. 다양한 플랜트 소개를 시작으로, 기본이 되는 과학적 원리와 구성 요소, 플랜
트 건설에 관한 업무 흐름 소개를 통해 플랜트 엔지니어링의 처음부터 끝까지 모두
배울 수 있게 해준다. 특히 저자는 공학 계열 학생은 물론이고 초보 엔지니어들이 품
을 만한 궁금증을 자신의 경험을 통해 속 시원히 해결해준다.

구보람(전남대학교 화학공학부 교수)

복잡하고 어려운 플랜트 엔지니어링을 이토록 쉽고 재미있게 풀어내는 저자의 능력
이 놀랍다. 국내외 플랜트 현장이 어떻게 설계되고 운영되는지 알고자 한다면 이 책
한 권으로 충분하다. 플랜트 엔지니어를 꿈꾸는 학생들이 알아야 할 A부터 Z까지의
모든 내용이 담겨 있으며, 엔지니어로서의 경력을 이제 막 시작하는 주니어들에게는
다른 부서에서 어떤 업무가 진행되고 있는지, 그들과 어떻게 협력해야 하는지, 그리
고 전문가로 성장하기 위해 어떤 노력이 필요한지를 안내하는 길잡이와 같은 책이다.

박상민(한국조선해양(주) 상무, 공학박사)

공학 이론들의 결정체인 플랜트는 여러 복잡한 단계와 요소들로 구성되다 보니, 특정 기술에 집중하는 엔지니어가 전체 흐름을 파악하는 것이 쉽지 않다. 저자는 이러한 플랜트 설계의 전 과정을 매우 쉬운 용어들로 풀어냄과 동시에, 설계의 각 단계마다 엔지니어와 관리자의 역할을 보여줌으로써 이제 막 플랜트 시장에 발을 내딛거나 전 과정에 대한 정리가 필요한 실무 엔지니어에게 매우 좋은 청사진을 제시한다. 이 책은 플랜트 엔지니어링에 관심 있는 많은 공학도에게 좋은 길잡이가 되어줄 것이다.

원왕연(경희대학교 화학공학과 교수)

복잡한 플랜트 엔지니어링의 세계를 이해하기 쉽고 명확하고 재미있게 설명하는 책이다. 특히 에너지 부문에서 성공적인 경력을 쌓는 데 중요한 모든 요소를 다룬다. 다양한 유형의 플랜트에 관한 포괄적인 내용뿐 아니라 산업의 각 이해관계자가 플랜트를 건설하기 위해 어떻게 협력하는지에 대해서도 자세한 내용을 담아, 에너지와 플랜트에 관심이 있는 사람이라면 반드시 읽어야 할 필독서!

지예영(베이커 휴즈 코리아 대표이사)

현재 하루가 다르게 등장하는 새로운 기술과 제품이 우리의 삶과 세상을 빠르게 바꾸고 있다. 증강현실AR이나 가상현실VR 같은 최신 IT 기술, 수소 같은 미래 에너지 등 다양한 기술이 급속도로 발전하며 많은 사람과 기업의 관심을 집중시키고 있다. 이러한 와중에 플랜트 산업은 상대적으로 두각을 드러내지는 않지만 묵묵히 제 역할을 하며, 인류에게 필요한 제품과 에너지를 공급해주고 있다. 특히 플랜트 산업은 우리나라의 대들보 산업 중 하나로서 경제성장에 크게 이바지하고 있다. 앞서 이야기한 신기술도 결국은 플랜트를 통해 구현되거나 기존의 기술과 융합하여 앞으로 우리의 삶을 더욱 풍요롭게 해줄 것이다.

주로 산업단지에나 가야 볼 수 있는 수많은 플랜트는 일반인에게는 생소할 것이다. 그렇지만 우리가 일상에서 활용하는 거의 모든 제품이나 에너지가 플랜트를 거쳐 나온 것이라고 해도 과언이 아닐 정도로 삶과 밀접하다. 크게 봐도 플랜트는 석유나 천연가스를 생산하는 오일과 가스 플랜트, 전기에너지를 생산하는 발전 플랜트, 각종 화학 원료와 제품을 만들어내는 석유화학 플랜트 등으로 매우 다양하다.

이렇게 우리 삶에 없어서는 안 되는 다양한 제품과 에너지를 생산하며 일상을 풍요롭게 해주는 플랜트는 많은 전문가와 고도의 기술력을 기반으로 건설된다. 플랜트 산업은 1950년대 전쟁 때문에 국토의 대부분이 파괴된 우리나라가 수십 년 만에 폭발적으로 경제를 성장시키고 선진국 반열에 오른 비결이기도 하다. 1960년대 울산에 국내 최초로 정유공장을 준공함으로써 우리나라는 휘발유나 경유 같은 경제발전의 원동력을 생산할 수 있었다. 이어서 플랜트를 직접 설계하고 건설할 수 있는 실력을 갖추면서 세계를 무대로 각종 플랜트 프로젝트를 수행하여 국제적으로 인정받았으며, 우리나라 경제성장에도 크게 기여했다.

2020년에 《나는 플랜트 엔지니어입니다》를 출간한 후 많은 분에게 격려와 응원을 받았다. 이 책은 진로를 고민하는 학생에게는 이 분야의 매력을 느끼게 해주었고, 이미 플랜트 산업에 종사하고 있지만 전체적인 플랜트 프로젝트의 구체적인 흐름을 궁금해하는 분에게는 전체를 바라볼 수 있는 가이드가 되었다고 한다. 엔지니어의 삶을 중심으로 한 이야기여서 많은 분이 공감하신 것 같다. 이후 나는 교과서보다는 쉽지만 전문적으로 플랜트를 설명해주는 책도 있으면 좋겠다고 고민했다. 또한 많은 분이 좋은 의견을 주서서 플랜트를 개괄하는 책인 《처음 읽는 플랜트 엔지니어링 이야기》를 출간했다.

《처음 읽는 플랜트 엔지니어링 이야기》는 플랜트, 이를 만들어내는 과정인 엔지니어링, 그리고 플랜트 프로젝트에 참여하는 다양한 기업과 엔지니어 같은 이해관계자에 관해 소개한다. 업계 종사자가 아니더라도 읽기 쉽도록 구성하였으며, 우리 실생활과 연관된 다양한 원리나 예시도 함께 소개하였으므로 독자들이 편하게 읽을 수 있을 것이다.

이 책은 크게 세 부분으로 나뉜다. 첫 번째 장인 〈플랜트란 무엇인가〉에서는 플랜트의 정의부터 시작하여 세상에 존재하는 수많은 플랜트의 종류, 이들의 중요한 원리, 그리고 장치와 시스템에 대해 소개한다. 그다음으로 2장 〈플랜트 엔지니어링은 무엇인가〉에서는 앞서 이야기한 플랜트가 과연 어떠한 과정을 거쳐 건설되는지를, 설계부터 최종 운전 단계에 이르는 과정별로 소개했다. 마지막으로 3장 〈플랜트 엔지니어는 무슨 일을 하나〉에서는 플랜트를 설계하고 건설하는 데 참여하는 주체와 핵심 구성원들의 역할과 직무에 대해 소개했다. 또한 각 장의 끝부분에는, 자주 듣는 질문에 대한 개인적 답변과 플랜트 전문가가 되기 위한 팁을 담아 독자들이 궁금증을 해소할 수 있도록 했다.

앞으로도 우리 세상은 꾸준히 발전할 것이다. 특히 기존의 화석에너지에서 신재생에너지로 에너지가 전환되고 기술이 다양하게 발전함에 따라 플랜트 산업 또한 많이 변화할 것이다. 그렇지만 우리 삶에 유용한 플랜트의 핵심적 역할은 변함없을 것이다. 플랜트 분야는 지금까지 쌓인 경험과 지식, 다양한 신기술과 결합하여 새로운 모습으로 계속 탈바꿈할 것이다. 대한민국의 주요 산업 중 하나인 플랜트 산업이 앞으로

도 한 차원 높게 도약하는 데 이 책이 조금이나마 기여할 수 있기를 바란다.

마지막으로, 이 책이 나올 수 있도록 좋은 제안을 해주시고 출간이 잘 되도록 이끌어주신 플루토 출판사의 박남주 대표님께 감사드린다. 그리고 《나는 플랜트 엔지니어입니다》를 읽고 칭찬과 감사, 그리고 좋은 조언을 전해주신 동료와 독자분들, 그리고 늘 옆에서 힘이 되어주는 아내와 가족들에게 감사 인사를 전하고 싶다.

2장 플랜트 엔지니어링은 무엇인가

3장 플랜트 엔지니어는 무슨 일을 하나

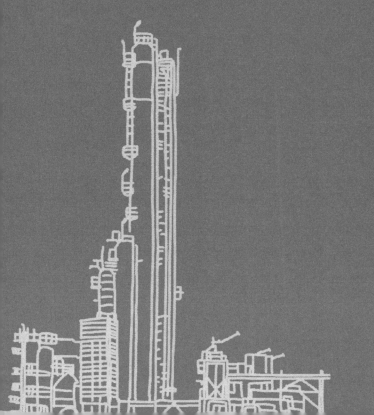

1장

플랜트란 무엇인가

플랜트는 식물인가, 공장인가

플랜트. 살면서 많이 들어본 말이다. 그런데 사람들에게 플랜트가 정확히 무엇이냐고 물어보면 답하기 어려워한다. 공장? 아니면 치과를 뜻하나? 구글에서 '플랜트'를 검색하면 식물 사진이 많이 나오는 것을 알 수 있다. 드문드문 공장 사진도 나온다. 이 책에서 다루고자 하는 플랜트는 바로 공학적으로 만든 설비인 '공장'을 의미한다. 그런데 공학을 전공한 학생들조차 플랜트에 관해 제대로 설명하기 어려워한다.

사람들이 어렴풋이 공장이라고만 이해하는 플랜트란 과연 무엇일까? 플랜트를 기능적 측면으로 설명하면, 어떠한 원료나 에너지를 활용하여 우리 일상생활에 필요한 제품이나 또 다른 형태의 에너지를 생산하는 설비를 뜻한다. 예를 들어 해외에서 수입해 온 원유를 활용하여 휘발유, 경유, 아스팔트처럼 실생활에 유용한 물질을 만드는 것이 플랜트다. 또한 밀가루, 식용유를 활용하여 우리 생활에 꼭 필요한 라면 같은 식품을 만드는 것도 플랜트다. 플랜트에 들어가는 원료는 수없이 다양하고, 만드는 제품도 폭넓지만 사람에게 유용한 것을 만들어낸다는 점은 같다.

이처럼 플랜트는 공통점이 없을 정도로 다양해 보이지만, 사실 적용되는 장치과 설비는 일맥상통한다. 플랜트의 본질은 원료를 다양한 방법으로 처리하여 사람에게 필요한 것을 만들어내는 것이다. 그런데 그 처리하는 과정에 적용되는 각종 장치, 설비와 기법이 매우 비슷하다.

원유를 처리하는 정유공장을 생각해보자. 우리나라에는 원유가 거의 매장되어 있지 않으므로 해외에서 들여와 끓인 후 다양한 물질로 분리한다. 즉, LPG, 경유, 휘발유, 아스팔트 등 우리 일상생활에 없어서는 안 되는 물질을 만든다. 여기에 쓰이는 플랜트는 원유를 이송하는 펌프, 원유를 분리하는 증류탑, 분리해낸 후 상당히 뜨거운 제품을 식히는 냉각기 등으로 이루어져 있다.

원유 같은 석유화학물질과는 전혀 다른, 일상생활에서 매우 친숙한 즉석국을 살펴보자. 액체와 고체가 섞인 상태로 견고한 용기에 담겨서 판매되는 즉석국은 어떻게 만들까? 공장에서 각종 재료를 준비하여 단계별로 조리하거나 섞은 후 끓여서 제조한다. 즉석국을 생산하는 식품 플랜트를 들여다보면 각종 재료를 가공하거나 이동시키기 위해 분리기, 건조기, 펌프 같은 장치를 활용하며, 가열하기 위해 증기나 전기를 활용하고, 내용물을 용기에 담기 전에 식히기 위해 냉각기도 활용한다.

이러한 과정을 보면 즉석국을 만드는 곳도 각종 장치를 조합하고 원료나 에너지를 활용하여 우리가 원하는 제품을 생산하는 시스템인 플랜트라는 것을 알 수 있다. 원유 생산 플랜트와 즉석국 생산 플랜트는 본질적으로 결을 같이한다.

앞서 살펴본 것과 같이 식품을 생산할 수도 있고 각종 화학물질이나 에너지를 생산할 수도 있는 플랜트는 종류가 실로 다양하다. 일일이 나열하면 무척 많지만, 산업적으로 중요하고 대표적인 종류는 원유와 가스 생산, 석유화학, 발전, 정밀화학, 신재생에너지, 환경 플랜트 등이다. 그럼 각각의 플랜트는 과연 어떤 기능을 하며 주요 시스템은 어떻게 구성될까?

원유와 가스를 생산하는 플랜트

현대인들이 풍요롭게 생활하도록 해주는 동시에 각종 환경오염이나 온실가스 등의 부작용을 일으키고 있는 요소 중 하나는 바로 화석연료다. 인류는 산업혁명 이후 각종 이동 수단과 발전에 석탄을 활용하고 이후 석유와 가스를 다양하게 사용하는 방법을 개발한 덕분에 경제와 산업, 그리고 사회 전반을 폭발적으로 성장시킬 수 있었다.

석유와 가스는 바로 플랜트 기술이 발전한 덕분에 대량으로 생산할 수 있게 되었다. 원유와 가스가 거의 매장되어 있지 않아서 대부분을 수입하는 우리나라의 국민들에게는 이 분야에 관한 이야기가 다소 생소할 수도 있다. 하지만 원유와 가스는 다른 산업의 원동력이 되는 연료이면서 다양한 화학제품의 원료 물질이므로 시장 규모가 매우 크다.

한편, 땅속에 묻혀 있는 원유나 가스를 찾아내는 일은 불확실한 부분이 많아서 사업을 시작할 때의 리스크도 그만큼 크다. 쉽게 이야기하면 지진파나 초음파 등을 이용하여 간접적으로 탐사하여 원유가 매장되어 있다는 사실을 파악한 후 막대한 비용을 들여 시추해보더라도 정확히 찾아내기가 힘들다. 또한 막상 찾아내더라도 경제성이 없어서 결국 실패로 돌아가는 경우가 많다.

예를 들면 우리나라에서도 포항에서 건설공사를 하다가 우연히 가스가 나오는 현상을 발견한 사례가 있다. 당시 가스의 양이 적지 않아 대규모 가스전이 존재할지도 모른다고 많은 사람이 기대했다. 그러나 상세히 검토한 결과 경제성이 없다고 판명되어 아쉽지만 관광 용도로만 활용되었다. 어떠한 경우든 경제성을 판단하려면 시추 공사뿐 아니라 다각도의 검토가 필요하므로 상당히 많은 자본을 투자해야 한다. 게다가 실패할 경우 투자비를 전부 날릴 수 있을 만큼 상당한 위험이 따른다.

리스크가 큰 만큼 반대로 성공적으로 발견하여 생산을 시작하면 이른바 대박을 칠 수 있다. 이러한 과정을 거친 후 건설한 플랜트는 육지나 바다의 깊은 곳에 매장되어 있는 화석연료를 생산한다.

원유와 가스를 생산하는 플랜트는 자동차나 석유화학제품 등에 화석연료를 급격히 많이 활용하기 시작한 1900년 초반부터 본격적으로 개발되고 건설되었다. 그전까지는 화석연료 중에서도 주로 석탄을 증기기관차나 발전 등에 활용했다. 석유와 가스는 그야말로 인류 삶의 패러다임을 바꾼 중요한 원료다.

석유와 가스가 만들어진 원인에는 여러 가지 설이 있다. 그중 하나는 고대에 죽은 각종 동식물들의 사체가 압력과 온도가 높은 땅속의 환경

속에서 석유와 가스로 바뀌었다는 것이다. 이들은 아주 오랫동안 발견되지 않다가 탐사와 시추 기술이 발전하면서부터 개발되었다. 우리나라에는 도시가스로 알려져 있는 가스는 기존의 석탄처럼 연료로 많이 활용되고 있다. 석유는 연료뿐만 아니라 각종 화학물질의 원료로서 아주 중요하다.

석유는 해외의 주요 지역에서 많이 생산된다. 사우디아라비아 같은 중동 지역, 영국과 노르웨이가 있는 북해 지역, 미국의 텍사스 지역에

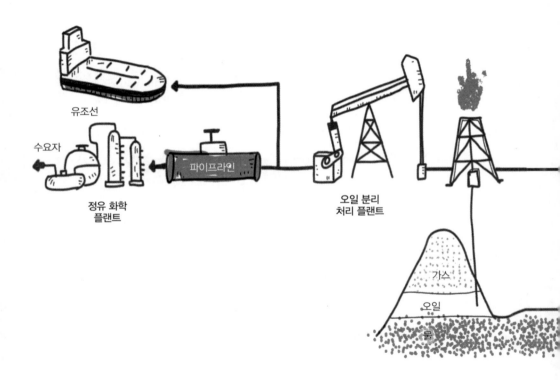

유조선

수요자

파이프라인

정유 화학
플랜트

오일 분리
처리 플랜트

가스

오일

물

인접한 멕시코만 등이 대표적이다. 이 지역들에서 생산되는 석유, 다른 이름으로는 원유는 다양한 성분으로 구성되어 있다. 원유는 석유화학 플랜트에서 분리된 후 각종 과정을 거쳐서 실생활에 필요하고 유용한 물질로 탈바꿈한다.

그렇다면 원유와 가스는 과연 어떻게 생산될까?

원유와 가스를 생산하는 일은 제일 먼저 탐사를 하는 일로부터 시작한다. 쉽게 말하면 이들이 매장되어 있을 것 같은 지역에 가서 각종 테스트

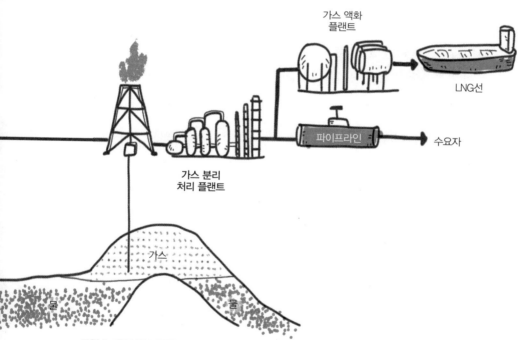

그림 1 원유 가스 플랜트
오일과 가스는 각각 분리와 처리를 거친 후 파이프라인이나 유조선 등을 통해 수요자에게 공급된다.

21

를 통해 매장 여부를 확인하고 그 양이 어느 정도인지 가늠하는 것이다.

　탐사 방법은 여러 가지인데, 제일 좋은 방법은 직접 땅을 파서 이들이 나오는지 확인하는 것이다. 앞서 살펴본 바와 같이 우리나라에서도 가끔 공사하다가 가스가 갑자기 분출했다는 뉴스가 보도될 때가 있다. 분출이란, 석유나 가스가 매장되어 있는 곳을 파면 지면으로 솟구쳐 나오는 현상을 말한다. 유전과 가스전 여부를 확인하는 가장 좋은 방법은 이처럼 시추(드릴링)라는 방법으로 굴착하는 것이다. 그렇지만 드릴링을 하려면 거대한 시추 설비가 필요하기 때문에 막대한 비용이 든다. 그렇기에 막무가내로 드릴링을 하기 전에 초음파나 지진파 탐상 같은 간접적인 방법으로 조사한다. 이 방법의 원리는 땅속에 해당 신호를 보내면 땅의 구조나 재질에 따라 투과되는 속도가 달라지고, 다른 물질을 통과하면 각도가 바뀌는 현상이다. 이 방법을 사용하면 원유 혹은 가스가 매장되어 있는지, 그리고 규모는 어느 정도인지를 간접적으로 파악할 수 있다. 간접적인 방법이다 보니 실제 드릴링을 하면 실패하는 경우가 상당히 많다. 그렇지만 시추에 비해 비용이 적게 드니 매장 여부와 매장량을 파악하는 데 반드시 필요하다.

　그렇게 간접적으로 매장 가능성을 확인한 후에는 시추를 해서 생산이 가능할지를 확인한다. 시추할 때는 드릴링 비트라는 회전 장치로 땅을 뚫는다. 이때 마찰 때문에 높은 열이 발생하기 때문에 머드라는 진흙을 분사하여 냉각과 윤활 역할을 하게 한다. 그렇게 땅속을 깊이 뚫고 들어가면 어느 순간 압력이 높아지는 현상이 감지되는데, 이 시점에 바로 매장되어 있던 원유나 가스가 높은 압력으로 올라온다.

이때 분출되는 원유나 가스의 압력이 상당히 높기 때문에 시추 플랜트에는 많은 안전장치가 구비되어 있다. 특히 비정상적으로 분출되면 더 이상 솟구쳐 올라오지 못하도록 유정폭발방지기Blow-Out Preventer, BOP로 차단한다.

드릴링으로 매장 여부를 성공적으로 확인하더라도 한두 번의 시추로 플랜트를 건설할지 여부를 결정하지는 않는다. 플랜트를 지어서 생산하기에 매장량이 너무 적으면 경제성이 없기 때문이다. 이 때문에 많으면 수십 번의 시추 작업, 그리고 다양한 분석을 통해 그 규모를 면밀하게 가늠한다.

여러 평가 결과 개발 가치가 있다고 판단되면, 즉 경제성이 있다는 확신이 들면 비로소 원유와 가스 플랜트를 설계한 후 건설한다. 이후 원유와 가스를 성공적으로 생산하면 파이프라인이나 유조선을 활용하여 판매한다.

주변에 원유를 정제할 수 있는 플랜트가 있다면 파이프라인으로 이송하겠지만, 거리가 먼 경우에는 최소한의 처리만 해서 탱크에 저장했다가 유조선 등에 실어서 정유 플랜트가 있는 곳으로 운송한다.

가스 생산 플랜트의 경우에는 파이프라인으로 가스를 이송하여 각종 발전소나 가정에서 활용하기도 한다. 가스를 무척 멀리 이송해야 하면 파이프라인 설치 비용이 급격하게 높아지기 때문에 액화천연가스, 즉 LNG 플랜트를 활용해야 한다. 우리나라는 지정학적으로 고립되어 있기 때문에 파이프라인으로 가스를 수입할 수 없어 대부분 LNG 형태로 수입하고 있다. LNG 플랜트는 기존의 가스 플랜트 옆에 추가로 설치할 수도 있고, 아예 초기부터 이 둘의 기능을 함께 하는 플랜트를 지을 수도 있다.

그렇다면 원유와 가스 생산 플랜트에서 생산한 원유와 가스는 어떻게 활용될까? 가스는 도시가스처럼 연료로 직접 활용하는 경우가 많지만 원유는 각종 물질이 섞여 있기 때문에 바로 활용하지 못하고 추가 단계가 필요하다. 이것이 바로 다음에 이야기할 석유화학 플랜트다.

석유를 가공하는 석유화학 플랜트

석유화학 분야는 원유와 가스를 원료로 하여 또 다른 제품을 만들어내는 부가가치 산업 중 하나다. 예를 들어 땅속에서 뽑아 올린 원유는 온갖 물질이 혼합되어 있기 때문에 그 자체로는 활용하기가 어렵다. 따라서 여러 단계로 성분을 분리하고 정제하는 과정이 필요하다. 그러한 기능을 하는 것이 석유화학 플랜트다. 우리나라는 이 분야 플랜트 관련 산업에서 세계적으로 중요한 역할을 하고 있다.

원유를 분리하면 자동차의 연료인 휘발유나 경유 등을 생산할 수 있다. 그뿐 아니라 나프타라는 물질을 다시 분리하고 다른 석유화학물질로 바꾸어 우리가 일상생활에서 활용하는 플라스틱, 옷감 등의 원료를 생산할 수 있다.

우리나라의 3대 석유화학 공단인 울산, 여수, 대산 등에 있는 많은 플랜트가, 해외에서 수입한 원유를 분리하여 고부가화 제품을 생산하고 있다. 매장된 화석연료가 부족한 대신 고도의 석유화학 기술을 보유하고 있어서 부가가치를 창출하는 것이다.

원유의 주요 성분은 LPG, 휘발유, 나프타, 경유, 등유, 아스팔트 등이다. 원유를 수입하면 증류라는 과정을 거쳐야 한다. 우리나라의 SK에너지, S-OIL, GS칼텍스 같은 기업들이 이 분야에 관한 사업을 벌이고 있다.

원유에 열을 가하면 단계별로 각 제품을 생산할 수 있다. 증류탑의 아랫부분에 열을 가하고 윗부분에서는 냉각 과정을 거치는데, 이 때문에 증류탑에 온도의 구배가 형성된다. 즉, 증류탑의 가장 높은 부분은 차가워지고, 낮은 부분은 뜨거워진다. 증류탑의 위치에 따라 온도가 다르므로 기체는 위로 나가고 액체는 밑으로 내려가는 등의 분리가 이루어진다.

예를 들어 증류탑의 가장 높은 부분의 온도가 섭씨 25도 정도라면 이때 가스인 LPG만 위로 나가고, 액체인 나머지는 밑으로 내려간다. 반대로 증류탑의 가장 낮은 부분의 온도가 섭씨 350도 정도라면 LPG뿐만 아니라 경유, 중유까지도 모두 기체가 되어 위로 가고 아스팔트처럼 무겁고 잘 끓지 않는 물질만 액체 상태로 밑으로 내려간다.

그럼 증류탑에서는 어떤 물질들이 배출될까? 우선 가장 윗부분, 즉 원유에서 가장 가벼운 물질이 배출되는 부분을 살펴보면 주요 물질은 바로 프로판과 부탄가스인 LPG다.

LPG는 컨덴세이트라고도 한다. 우리가 생활하는 대기와 같은 상압에서는 기체 상태지만, 압력이 높아지면 액체이면서도 일반적인 오일

보다는 가벼운 경질 유분 상태가 된다. 상압에서도 액체 상태로 존재할 수 있는 휘발유나 경유 등과는 구분된다. 가정에서 활용하는 가스레인지의 연료로 쓰이고, 자동차에도 많이 활용되므로 우리에게 친숙한 물질이다.

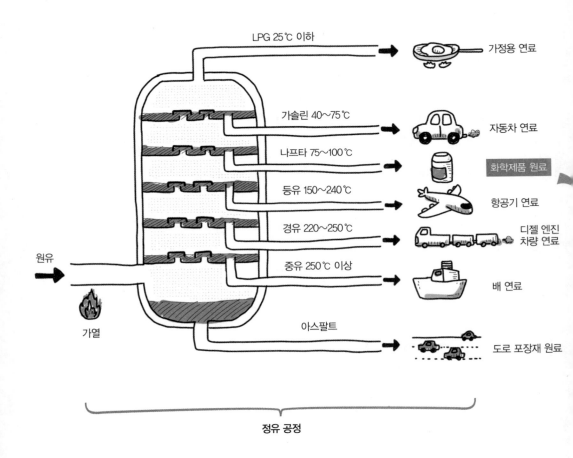

다음으로 증류탑에서 LPG보다 아래 부분에서 액체로 배출되는 물질은 휘발유다. 자동차의 연료로 활용되기 때문에 일반인들도 잘 아는 물질이다. LPG는 고압가스통에 액체 상태로 들어 있더라도 대기로 방출될 때는 기체 형태를 띠지만, 휘발유는 대부분 액체 상태를 유지하므로

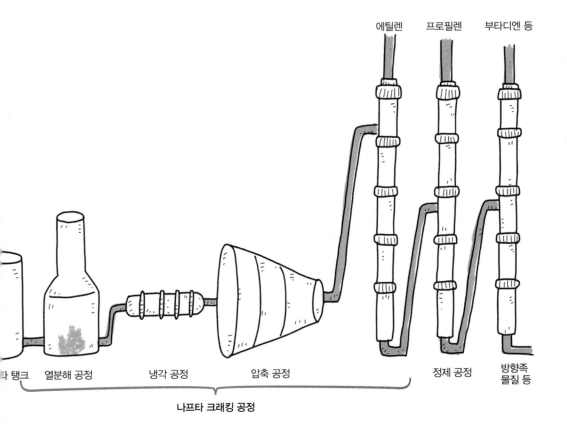

그림 2 석유화학 플랜트

석유화학 플랜트는 증류탑을 통해 원유를 여러 제품으로 분리할 수 있다. 대부분 바로 활용할 수 있지만, 나프타는 크래킹이라는 추가 과정을 거쳐 석유화학 산업의 핵심 물질인 에틸렌, 프로필렌 등으로 변환한다.

LPG에 비해 저장하기 쉽다.

나프타는 일반인에게는 다소 생소한 물질이다. 나프타는 끓는점이 휘발유와 비슷하고, 성질도 비슷하다. 즉, 나프타라는 물질에 휘발유도 포함시킬 수 있고 다른 여러 원료 물질도 포함시킬 수 있다. 범위가 상당히 넓은 화학물질인 셈이다.

나프타는 연료로도 활용되지만, 사실 더욱 중요한 물질로 많이 활용된다. 바로 우리가 일상에서 많이 활용하는 각종 플라스틱이나 옷감의 주요 원료가 나프타다. 나프타에 고온의 열을 가하면 분자의 긴 사슬 구조가 쪼개지는 나프타 크래킹 Naphtha cracking 현상이 나타난다. 이 과정을 거치면 나프타가 에틸렌, 프로필렌 같은 물질로 변한다. 이 물질을 다시 반응시키면 반복되는 구조를 가지는 고분자 물질이 된다. 이 물질이 바로 각종 플라스틱의 원료다.

한국석유화학협회에 따르면 우리나라는 2020년 기준으로 세계 4위 정도의 에틸렌 생산량을 자랑한다. 에틸렌을 화학적으로 합성하면 폴리에틸렌이 되는데, 이 물질은 우리가 흔히 사용하는 페트병 같은 투명하고 유연한 플라스틱의 원료다. 즉, 폴리에틸렌은 일상생활에서 사용하는 생수병이나 장난감 같은 각종 플라스틱 제품 등에 많이 활용된다.

마찬가지로 프로필렌도 화학적으로 반응시키면 폴리프로필렌이 되며, 각종 장난감 등의 플라스틱 제품에 많이 활용된다.

이처럼 나프타 크래킹을 거친 물질들을 각기 다른 화학물질과 반응시키면 또다시 다양한 원료 물질로 재탄생한다. 이렇듯 원유에 포함된 나프타는 과거에 활용되던 유리, 금속이나 목재를 대체하여 다양한 분야의 제품 원료로 활용되고 있다.

한편 경유와 등유는 나프타보다 탄소 개수가 많아 무거운 물질이다. 그러므로 원유를 증류할 때 증류탑에서 나프타보다 밑에서 배출된다. 이 물질들은 자동차나 보일러의 연료로 일상생활에서 많이 쓰인다.

증류탑 가장 아래쪽에서 배출되는 대표적 물질인 아스팔트는 도로를 포장할 때 많이 쓰인다. 무척 끈적이는 아스팔트는 상온에서는 고체 상태여서 용도가 한정되어 있다. 그래서 가격이 다른 물질보다 저렴하다. 최근에는 아스팔트에 아주 뜨거운 열을 가하여 나프타 크래킹처럼 재처리함으로써 나프타, 휘발유 같은 물질을 만들 수 있는 기술도 개발되었다. 이를 고도화 설비라고 하는데, 우리나라의 주요 정유회사도 기술을 보유하고 있다. 이 과정을 통해 저렴한 아스팔트를 고부가가치 물질로 만들고 있다.

그렇다면 이러한 석유화학 플랜트는 어떻게 건설되고 운영될까? 앞서 살펴본 원유와 가스를 생산하는 플랜트와는 무엇이 다를까?

먼저 석유화학 플랜트를 건설하는 과정을 살펴보자. 발주자가 플랜트를 건설해줄 엔지니어링 회사나 건설회사를 찾아서 일괄로 맡기거나 설계를 제외한 구매나 건설 등의 일부 업무를 맡긴다. 말하자면 일반적인 플랜트 EPC* 공사 과정과 비슷하다. 다만 석유화학 플랜트는 해상에

---

* 설계Engineering, 조달Procurement, 시공Construction의 첫 글자를 딴 약자로, 플랜트를 상세하게 설계한 후 관련 장치를 구매하고 조립하여 플랜트를 건설하는 기업을 말한다. 우리나라의 대표적인 플랜트 건설과 엔지니어링 회사들도 이처럼 책임을 지고 온전한 플랜트를 건설한다.

는 거의 설치되지 않고 주로 육상에 건설된다. 해상에 설치하면 비용이 몇 배나 높아지고 운영하기도 불편하니 굳이 해상에 만들 필요가 없기 때문이다.

또한 석유화학 플랜트는 대부분 단지를 이루어서 건설한다. 원유와 가스 플랜트는 원료 물질이 나오는 지역에 설치할 수밖에 없다. 반면 석유화학 플랜트는 유조선이나 파이프라인으로 원유를 들여와서 분리하기만 하면 분리된 물질이 곧 다른 석유화학 플랜트의 원료가 되므로 가능하면 서로 가까이 있어야 수송비 등이 절약되기 때문이다. 그렇게 각 석유화학 플랜트에서 나오는 제품이 또 다른 석유화학 플랜트의 원료가 되는 등 사슬처럼 연결되기 때문에 이들은 집합을 이룬다. 이 때문에 울산, 대산, 여수 등 우리나라의 3대 석유화학 공단에는 수많은 플랜트가 모여 있다. 각 공단에서는 원유를 분리하는 플랜트, 분리한 물질 중 나프타를 활용하여 다른 플라스틱 원료 물질을 만드는 플랜트, 그 원료 물질을 활용하여 또다시 다른 원료 물질을 만드는 플랜트 등 다양한 플랜트가 건설되고 운영되고 있다. 뿐만 아니라, 플랜트를 운전하려면 증기나 전기 같은 유틸리티가 필요하므로 이를 전문적으로 생산해서 공급해주는 플랜트도 함께 건설된다.

전기를 생산하는 발전 플랜트

우리 일상생활에 없어서는 안 되는 전기를 생산하는 발전 플랜트는 석탄이나 가스, 중유를 태워서 전기를 만드는 일반적인 화력발전 플랜트부터 원자력 플랜트와 신재생에너지 플랜트로 분류할 수 있다.

우리나라 발전 플랜트의 종류별 비율을 살펴보면 2020년 기준으로 화력이 60퍼센트 이상을 차지하며, 원자력이 20퍼센트 내외이고, 신재생에너지나 수력 등이 나머지를 구성하고 있다. 우리나라 정부는 2030년까지 재생에너지의 비율을 20퍼센트로 끌어올린다는 '재생에너지 3020 정책'을 발표했다. 앞으로는 기후변화와 환경 문제 때문에 풍력이나 태양광 같은 신재생에너지가 점차 많이 쓰일 것이다. 그래도 화력발전 플랜트가 한동안은 많은 비중을 차지할 수밖에 없다.

화력발전 플랜트는 연료를 태우면 발생하는 열에너지를 전기에너지로 바꾸는 역할을 한다. 즉, 석탄, 중유 혹은 가스를 태워서 발생하는 에너지로 증기를 생산하여 터빈이라는 발전기를 회전시키고 이렇게 회전하는 힘으로 전기에너지를 생산한다.

화력발전 플랜트의 시스템은 보일러, 증기 터빈, 그리고 각종 열교환기와 펌프 등으로 구성된다. 화석연료를 태우면 발생하는 가스를 직접 활용하기도 하지만, 이보다는 가스로 물을 가열하여 증기를 만든 후 증기로 터빈을 돌린다. 이때 물은 시스템 내에서 순환하므로 펌프 같은 장치가 필요하다. 또한 열에너지를 활용할 때 효율을 최대화하기 위해, 즉 버려지는 열을 최소화하고 에너지를 최대한 경제적으로 활용하기 위해

보일러 외에 열교환기 장치도 활용한다. 보일러가 연료를 태워서 열을 발생시키는 장치인 반면 열교환기는 물질 간에 열에너지를 옮기는 역할을 한다.

즉, 화력발전 플랜트는 앞서 살펴본 원유 플랜트와 가스 플랜트, 그리고 석유화학 플랜트와 비슷한 장치를 많이 사용한다.

그렇다면 원자력 플랜트는 어떨까? 원자력 플랜트는 우라늄을 반응시키면 발생하는 열에너지를 활용하여 물을 끓이고 증기를 발생시킨 후 터빈을 돌려서 전기에너지를 생산한다. 원리는 화력발전 플랜트와 유사하지만, 크게 다른 점은 바로 원자력 반응기 부분이다. 일반 화력발전

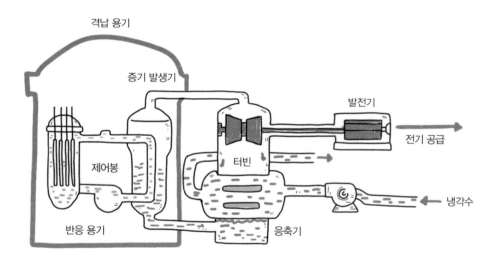

그림 3 원자력 플랜트의 원리
원자력 플랜트 격납 용기 내의 반응 용기에서 우라늄이 반응하면 열이 발생한다. 이 열로 물을 끓이면 발생하는 증기로 터빈을 돌려서 전기를 만든다.

플랜트는 우리가 가정에서 쓰는 것과 비슷한 보일러를 활용하지만, 원자력발전 플랜트는 우라늄을 반응시키는 특수한 장치가 필요하다. 보통 원자로로 불리는 이 장치에서 우라늄의 핵분열이 일어나면 내부의 온도가 섭씨 2천 도 이상으로 올라간다. 일반적인 화력발전소의 온도인 1천 도보다 2배 이상 높아지는 것이다.

뿐만 아니라 일반 화력발전소는 연료를 넣지 않으면 더 이상 태울 것이 없어서 연소 반응이 일어나지 않지만 우라늄은 분열 반응을 쉽게 정지시키기 어렵다. 수년 전 일본에서 발생한 후쿠시마 원전 사고의 경우 플랜트가 파손되면 우라늄의 반응을 쉽게 제어하기 어려운 원자력발전의 원리 때문에 지금까지도 큰 문제로 남아 있다. 그러므로 원자력발전에 쓰이는 반응로를 제작할 때는 일반 보일러보다 안전을 크게 중시하며 특수한 재료로 만든다. 일반 화력 플랜트의 보일러를 금속으로 제작한다면, 원자력 반응로는 두꺼운 콘크리트 같은 불연성 재료로 만든다. 이렇게 반응로 부분에 특수한 점이 있지만, 원자력 플랜트도 화력발전소와 비슷한 원리로 열을 활용하여 전기에너지를 만든다.

고부가가치를 창출하는 정밀화학 플랜트

앞서 살펴본 플랜트들이 많은 원료를 이용하여 많은 제품이나 에너지를 생산하는 반면, 정밀화학 플랜트는 그보다 훨씬 적은 양으로도 가격이 높은 제품을 다양하게 생산한다. 이 플랜트는 연속적으로 생산하는 공정과 대비되는 배치^{Batch} 형식, 즉 하나의 반응기 같은 장치에 원료를 투입한 후 일정한 시간이 지난 후 반응이 완료되면 꺼내는 공정에서 많이 활용된다. 예컨대 제약 분야, 자동차나 전자제품에 들어가는 핵심 재료 등을 만드는 분야에 많이 쓰이며, 다양한 제품을 고품질로 소량 생산하는 경우에 적합하다.

일반적인 석유화학 플랜트가 무척 큰 장치를 활용하고 어느 정도 정해진 품질만 만족하면 큰 문제가 없는 반면, 정밀화학 플랜트에는 보다 엄격한 품질과 결과물이 필요하다. 아주 적은 양으로 인체에 투입되어 큰 효과를 내는 의약품이나 반도체에 들어가는 재료, 반응 공정에 반드시 필요한 촉매 등을 생각해보면 그 이유를 알 수 있다.

따라서 정밀화학 플랜트는 부식 때문에 불순물이 생기는 현상을 방지하기 위해 스테인리스강 이상으로 가격이 비싼 금속 재료 등으로 장치를 만든다. 또한 원료 물질에 포함되어 있는 불순물을 분리하여 고품질로 만들어낼 때에도 다양한 장치를 활용하는 과정을 여러 번 거쳐서 순도를 높이며, 순도를 측정할 때도 신뢰도가 높은 방법을 동원해야 한다.

그러므로 정밀화학 분야의 플랜트를 건설하고 운영하는 일은 일반 석유화학에 비해 어렵고 까다롭다. 더욱 어려운 점은 바로 기초 기술을 개발하는 일이다. 각종 물질을 혼합할 때 나타나는 여러 화학 메커니즘을 이해하고 응용할 수 있는 높은 기술력이 필요하기 때문이다. 이러한 물질을 개발하는 단계까지는 매우 많은 시간과 노력 그리고 비용이 필요하다.

단적인 예가 바로 바이오산업이다. 백신 같은 의약품을 개발하는 데는 막대한 인원과 비용이 필요하다. 초기 개발을 성공적으로 해도 실생활에 적용하기까지 수많은 검증 단계를 거쳐야 하며, 이 단계에서 실패하는 경우도 허다하다. 그렇지만 일단 개발에 성공하면 매우 큰 부가가치를 창출할 수 있다. 선진국들은 이처럼 진입장벽이 높은 정밀화학 기술개발에 많은 노력을 기울이고 있다.

최근 우리나라의 각종 바이오회사나 정밀화학회사들도 기술개발에 많이 투자하고 있지만, 막대한 자본과 기술 인력으로 무장한 해외의 바스프BASF나 바이어Bayer 같은 대규모 회사에 비해서는 아직 많이 부족한 상황이다. 우리나라는 핵심 기초 소재를 개발하기보다는 소재를 해외에서 수입하여 중간 단계로 가공하거나 저가 제품을 주로 생산하고 있어서 정밀화학 산업의 장점인 고부가가치 창출 효과를 제대로 누리지 못하고 있다. 그렇지만 앞으로 부족한 원천 기술과 기초 기술을 개발하고 보완하여 기존의 우수한 응용 기술과 접목하면 큰 시너지 효과를 낼 수 있을 것이다.

탈화석연료를 향한 신재생에너지 플랜트

인류는 화석연료를 본격적으로 활용하면서 사회적, 경제적으로 급격하게 발전했다. 그러나 최근에는 화석연료 활용의 부작용인 온실가스나 미세먼지 문제와 같은 각종 환경 문제가 나날이 심각해지고 있다.

화석연료를 활용하면 필연적으로 이산화탄소가 발생한다. 이산화탄소는 지구를 온실화하고 온도를 올리는 원인 중 하나다.

화력발전소에서 중유나 가스를 태우면 탄소와 산소가 반응하여 이산화탄소가 발생한다. 아울러 각종 질소나 황 산화물을 배출함에 따라 미세먼지가 발생하여 대기가 오염된다. 또한 화석연료에 기반한 플랜트를 운영할 때 나오는 각종 폐수는 엄격하게 처리하여 방출하더라도 수질에 악영향을 일으킬 수밖에 없다.

이러한 문제 때문에 전 세계적으로 화석연료 활용을 줄이고 신재생에너지를 활용하여 기존의 에너지를 대체하려는 움직임이 강해지고 있다. 풍력과 태양광 외에도 바이오매스, 수소에너지 등을 포함한 신재생에너지의 비중이 점차 높아지고 있다. 유럽에서는 이미 재생에너지의 비중이 석탄 같은 기존 화석연료를 압도할 정도다. 앞서 이야기한 대로 우리나라도 2030년까지 신재생에너지의 비중을 20퍼센트 이상까지 늘리겠다는 정책을 발표하는 등 화석연료를 대체하고자 노력하고 있다.

우리나라의 신재생에너지 중 현재 가장 많이 사용되는 것은 바로 태양광이다. 이제는 건물의 꼭대기 혹은 도로 옆의 임야나 산에 태양광 설비가 많이 설치되어 일반인들도 친숙한 편이다.

태양광 설비는 일반적인 플랜트처럼 구성이 복잡하지 않다. 물론 태양광 패널 자체에는 복잡한 원리와 기술이 적용되었지만, 전체적인 구성은 전기를 생산하는 태양광 설비와 그 전기를 보내는 설비 등으로 구조가 비교적 단순하다.

태양광발전은 땅에 도달하는 태양광의 세기에 따라 생산량이 달라진다. 흐린 날에는 구름 때문에 일사량이 줄어들게 되므로 발전량이 현저하게 적어지며, 태양광이 없는 야간에는 전력을 생산할 수 없다. 그러므로 태양광발전만 활용하면 일상생활이 불편해질 수 있다. 특히 전력을 일정하게 공급해야 하는 산업 분야는 전력을 계속 공급하지 못하면 막대한 손실을 입을 수 있다. 이 때문에 산업 분야에서는 태양광만을 주전원으로 활용하기 어렵다. 그러므로 기존의 전력망과 연결하거나 배터리 또는 다른 에너지와 함께 활용해야 한다.

태양광 다음으로 우리에게 친숙하면서 비중이 높은 에너지는 풍력이다. 우리나라에서는 주로 제주도나 해안가 또는 일부 산간 지역에 집중적으로 설치되어 있다. 내륙의 경우 각종 장애물 때문에 풍력이 세지 않을 때가 많고 발전량이 현저하게 낮기 때문이다. 풍력은 태양광과 달리 야간에도 활용할 수 있다. 따라서 태양광보다는 낮지만, 설치에 제약이 많고 바람이 너무 약하거나 강할 때는 전력을 생산하기 어려운 것이 단점이다.

풍력발전기도 태양광 설비처럼 땅만 마련되면 설치할 수 있을 듯하지만, 소음이 발생하기 때문에 사람이 거주하는 곳에서 멀리 설치하는 경우가 많다. 이 때문에 요즘은 바람이 강하고 주변에 장애물도 거의 없는 해상에 설치하는 경우가 점차 늘고 있다.

일반적으로 풍력과 태양광이 우리에게 가장 친숙한 신재생에너지이지만, 바이오가스 플랜트도 꽤 많은 전력을 생산해낼 수 있다. 바이오가스란 쓰레기, 가축의 분뇨, 하수의 슬러지 등과 같은 유기물이 산소가 차단된 상태에서 분해되면서 생산되는 메탄을 포함한 가스다. 어떤 유기물이냐에 따라 다르지만 보통 메탄과 이산화탄소가 주요 성분이며, 황화수소, 수분 등도 포함되어 있다.

대표적인 예를 들면 과거 난지도로 대규모 쓰레기 매립지였던 상암동 지역을 언급할 수 있다. 상암동 하늘공원에서는 과거에 매립된 쓰레기 때문에 바이오가스가 생성되고 있고, 현재는 이를 난방 연료로 활용하고 있다. 뿐만 아니라 충남 홍성 지역 등에서는 돼지 분뇨로 바이오가스를 만들고 활용하여 전기를 생산한다.

풍력이나 태양광 같은 재생에너지보다 발전량이 적지만, 처리하기

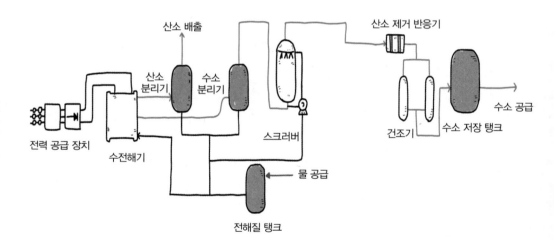

그림 4 그린 수소 생산 플랜트
그린 수소는 풍력이나 태양광으로 생산되는 재생에너지를 활용하고 이산화탄소 배출을 최소로 하여 생산한 수소다. 물을 전기분해하는 수전해기에 재생에너지를 공급하면 수소와 산소가 발생한다. 수소는 미량의 액체와 산소 등을 제거하여 매우 순수한 상태로 생산할 수 있으며, 저장했다가 필요한 곳에 공급한다.

곤란한 유기물을 활용하여 가치 있는 에너지원을 생산하므로 일석이조의 효과를 누릴 수 있다.

마지막으로, 전 세계적으로 큰 관심을 얻고 있는 수소에너지를 들 수 있다. 수소에너지는 연소할 때 물만 생성하기 때문에 온실가스나 미세먼지가 전혀 발생하지 않는 청정에너지다.

수소는 여러 방법으로 생산할 수 있는데, 가장 쉽고 경제적인 방법은 천연가스나 석유 등 화석연료를 열분해하는 것이다. 특히 합성가스라고 불리는 일산화탄소와 수소의 혼합물은 현재 석유화학 플랜트에서 많이 생산된다. 이 중에서 일산화탄소는 다른 물질을 만드는 원료로 활용할 수 있어 합성가스가 많이 생산되어왔다. 합성가스에서 일산화탄소를 분리하면 바로 수소가 남는다.

기존에는 수소에 대한 관심과 활용 방안이 적어서 부생 수소라고도 부르며 연료 등으로 활용했지만, 최근 수소에너지에 대한 관심이 높아짐에 따라 이를 고순도화하여 연료전지 발전이나 수소 자동차의 연료로 활용하는 등 쓰임새가 커지고 있다.

화석연료를 활용하여 수소를 생산하면 일산화탄소뿐만 아니라 이산화탄소 같은 온실가스가 생성될 수 있으므로 완벽하게 친환경적이라고 이야기할 순 없다. 물을 전기분해하여 수소를 생산하는 경우는 온실가스가 생성되지 않고 수소와 산소만 발생시킬 수 있어서 보다 친환경적이다. 특히 최근 태양광과 풍력 같은 재생에너지의 비중이 높아짐에 따라 재생에너지로 만든 전력을 활용하여 물을 전기분해하는 수전해 방식, 즉 그린 수소 생산 기술이 각광받고 있다. 이 경우 온실가스의 배출이 매우 적기 때문이다(기존의 전력은 많은 부분 화석연료 기반으로 생산되므로 이산화탄소가 많이 배출된다).

그렇지만 풍력은 바람 세기가 불규칙하고, 태양광은 밤에는 발전이 불가능하다는 문제점이 있다. 즉, 변동성이 심하기 때문에 수소를 안정적으로 생산하기 어려울 수 있다. 이에 따라 에너지 저장 장치Energy storage system, ESS 같은 배터리나 대형 수소 버퍼 탱크를 설치하여 수소를 보다 안정적으로 생산하고 공급하기 위한 연구가 활발하게 진행되고 있다.

지속가능한 지구를 위한 환경 플랜트

여러 산업 분야에서는 대기나 수질을 오염시키는 물질을 배출한다. 환경 플랜트는 이러한 오염 물질들을 정부나 지방자치단체에서 정한 기준에 맞게 처리하는 역할을 한다. 일반적으로 대기오염 물질 중 질소나 황산화물을 처리하거나 생활폐수나 산업폐수의 화학물질 혹은 부영양화 물질 등을 처리했지만 최근에는 이산화탄소 포집과 같이 온실가스 저감을 위한 기술을 적용한 플랜트도 각광받고 있다.

환경 플랜트는 단독으로 존재할 수도 있지만 오염 물질을 배출하는 특정 산업에 종속되어 기능하는 경우가 많다. 극심해지고 있는 기후변화나 미세먼지 문제를 해결하기 위해서는 기존의 플랜트에 이러한 환경 플랜트 기술을 접목하여 활용해야 한다.

최근 각광받고 있는 이산화탄소 포집 플랜트를 살펴보자. 이 플랜트는 발전소나 제철소 등에서 뿜어낼 수밖에 없는 배기가스에서 이산화탄소만을 선택적으로 포집할 수 있다.

지구온난화를 억제하기 위해 요즘 재생에너지 같은 친환경 에너지원의 비중이 높아지고 있지만, 기존의 플랜트를 당장 멈추기는 사실 불가능하다. 특히 쇠를 만드는 제철소, 플라스틱이나 합성섬유 제품의 원료를 만드는 석유화학 플랜트는 특성상 이산화탄소를 배출할 수밖에 없다. 탄소가 포함된 원료나 연료를 가열하거나 태우는 과정을 거치므로

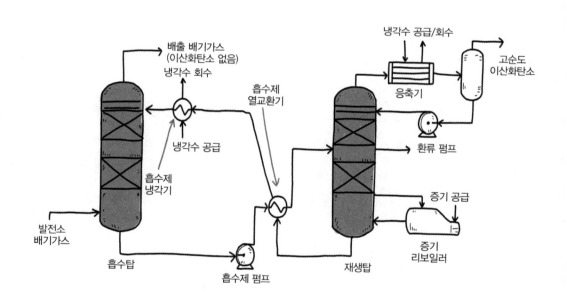

그림 5 이산화탄소 포집 플랜트

이산화탄소 포집 플랜트는 흡수탑과 재생탑, 그리고 각종 펌프나 열교환기 등의 장치로 구성된다. 흡수탑에서는 배기가스 내의 이산화탄소만 포집한다. 이산화탄소를 머금은 흡수 용액은 재생탑으로 가서 이산화탄소를 배출한 후 흡수탑으로 공급되어 재활용된다.

산화물인 이산화탄소가 발생할 수밖에 없는 것이다. 이때 필요한 대책이 바로 이산화탄소 포집 플랜트다.

이산화탄소 포집 플랜트는 굴뚝으로 배기가스가 배출되기 전에 특수하게 제조된 흡수 용액으로 이산화탄소를 잡아낸다. 이산화탄소를 잡은 흡수 용액을 버리고 계속 새로 공급하면 경제성이 떨어지고 지속적으로 발생하는 폐용액 때문에 환경이 오염될 수 있으므로 보통 재활용한다. 일회용 전지를 활용하는 대신 충전 배터리를 사용하면 몇 번이고 재활용할 수 있는 것과 비슷하다. 이산화탄소를 머금고 있는 흡수 용액에 열을 가하면 이산화탄소를 떼어내어 흡수 용액을 재생할 수 있다. 그렇게 흡수 용액은 반복적으로 흡수와 재생을 거친다. 그 와중에 배기가스 내의 이산화탄소를 제거한 후 유용하게 활용할 수 있도록 생산까지 할 수 있다.

그럼 그렇게 선택적으로 잡아내어 생산한 이산화탄소는 어떻게 활용할까? 이산화탄소는 용접, 드라이아이스, 스마트 팜 등에 직접 활용하거나 다른 유용한 화학물질, 예를 들어 메탄올이나 포름산 같은 물질로 전환할 수 있어 관련 기술이 한창 개발되고 있다. 상용화에 이른 이산화탄소 포집 기술에 비해 이산화탄소 전환 기술은 아직 개발 초기 단계이다. 그렇지만 성공적으로 개발하면, 대량으로 배출되는 이산화탄소를 크게 줄일 뿐만 아니라 유용한 물질로 바꿀 수도 있으므로 선순환 구조를 만들 수 있다.

플랜트는 어떤 원리로 움직이나

앞에서는 다양한 플랜트의 종류를 설명했다. 목적과 기능은 천차만별이지만 주요 장치를 설치하고 이를 배관으로 이어서 물질이 흘러가게 하며, 각종 계기 등으로 측정하는 과정을 보면 서로 다른 플랜트 간에도 비슷한 점이 있다. 즉, 적용되는 원리가 비슷하다. 그렇다면 과연 플랜트에는 어떠한 원리와 기술이 활용되며, 각 구성품은 어떻게 작동할까?

플랜트의 기능을 다시 생각해보자. 플랜트는 어떠한 원료의 압력이나 온도를 변화시키고 각 물질들을 혼합하거나 반응시키면서 결국 우리가 원하는 제품이나 에너지를 만드는 것이다. 이러한 일련의 과정이 일어나려면 각종 장치, 배관 등이 유기적으로 연결되고 구성되어야 한다. 이들은 유사한 물리적, 화학적 원리를 기반으로 작동한다. 그럼 대체 무슨 중요한 원리가 활용되는지 살펴보자.

유체역학 유체의 이동에 관한 원리

유체역학은 기계공학, 화학공학, 선박공학 등 전통적인 공학을 배우는 학과에서는 필수적으로 배우는 과목이다. 유체역학은 기체나 액체 같은 유체가 이동할 때의 움직임에 대한 원리를 살펴보고 이를 현실에서 어떻게 구현하고 적용하는지를 설명하는 분야다.

이 원리가 플랜트에 왜 필요한지 알아보자. 예를 들면, 아파트의 각 가정에서 활용하는 수돗물이 원래 있던 지역은 매우 멀리 떨어져 있는 수돗물 처리장일 것이다. 수돗물은 그렇게 멀리 떨어진 곳에서 무척 긴 배관을 통해 가정까지 공급된다. 수돗물이 처리장의 탱크로부터 아파트까지 이동하려면 동력이 필요한데, 이때 바로 펌프가 활용된다. 해당 펌프는 어느 정도의 에너지를 부여하여 물이 잘 흘러갈 수 있도록 해야 한다. 만약 과도하게 에너지를 부여하면 아파트 쪽에서 받아들이는 수압이 너무 강할 수 있고, 반대로 약하면 수돗물이 아파트까지 제대로 가지 못할 수 있다. 이때 부여해야 하는 에너지는 바로 배관을 흐르는 물이 관 벽과 마찰하여 잃어버리는 에너지가 된다. 펌프는 그 에너지를 보상하고 부여하여 마찰 손실을 이겨내게 해준다. 한편 낮은 곳에서 높은 곳으로 물을 퍼 올리려면 에너지를 부여해야 하는데 이때도 펌프가 활약한다. 펌프는 그렇게 마찰 손실을 이겨내기 위해 활용하지만, 물의 속도나 압력을 올리기 위해서도 활용할 수 있다. 즉, 펌프는 마찰 손실, 속도, 압력, 높이에 관한 에너지를 부여하거나 보상해주는 장치이며, 유체역학에서 가장 중요한 방정식인 베르누이의 원리와 직결된다.

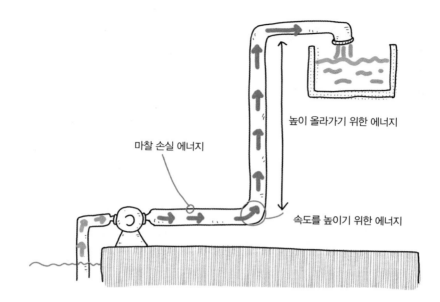

마찰 손실 에너지

높이 올라가기 위한 에너지

속도를 높이기 위한 에너지

그림 6 유체역학 예시
유체역학이 적용되는 대표적인 장치인 펌프는 마찰 손실 에너지, 속도를 높이기 위한 에너지, 유체를 올려보내기 위한 에너지 등을 부여하는 역할을 한다.

중고등학교 과학 시간에도 배우는 베르누이의 원리는 18세기 스위스의 유명 수학자 베르누이가 발견해서 그의 이름을 딴 것이다. 압력, 속도 그리고 높이 간의 관계와 에너지 보존 법칙을 다루는 베르누이의 원리는, 압력이 속도나 높이로도 변환될 수 있고, 높이는 압력과 속도로 변환될 수 있는 등 서로의 에너지 형태는 다르지만 변환될 수 있다는 내용이다. 이 원리는 플랜트 분야에 주로 적용되는 기본 원리 중 하나다.

베르누이의 원리를 활용하면 우리가 원하는 압력, 속도 그리고 위치에 어떠한 유체를 보내고 싶을 때 필요한 에너지를 계산할 수 있다. 이 원리에 따라 플랜트의 많은 장치와 배관을 설계한다.

열전달 열의 흐름에 관한 원리

앞서 살펴본 유체역학뿐만 아니라 열전달이라는 원리도 기계나 화학공학도라면 필수적으로 배우는 과목 중 하나다. 플랜트 분야에서는 물질에 열을 가하는 가열이나 혹은 열을 빼앗는 냉각 과정을 적용하는 경우가 많다. 빵을 만드는 식품 플랜트가 있다고 가정하면, 밀가루 반죽에 일정한 열을 가하여 빵을 만들어야 할 것이다. 드라이아이스를 만드는 플랜트는 공급되는 이산화탄소의 열을 빼앗는 냉각 과정을 통해 고체 상태의 드라이아이스를 만들어야 한다. 이러한 열전달 원리를 활용하는 주된 플랜트 장치는 두 가지 이상의 유체를 직간접적으로 접촉시켜 서로 열에너지를 교환하게 하는 열교환기다. 열전달 원리는 열교환기에만 적용되는 것이 아니다.

펌프는 외부의 전기에너지 등을 활용하여 모터를 돌리는데, 이때 열이 발생한다. 이 열을 적절하게 배출해야 모터가 과열되는 현상을 방지할 수 있다. 즉, 모터가 외부로 열을 방출할 수 있도록 적절한 방열판을 설치해야 하며, 열이 너무 많이 발생하면 냉각수를 유입시켜서 식혀야 할 수도 있다.

열이 발생할 때뿐만 아니라 열을 보존해야 할 때도 열전달 원리를 활용한다. 우리가 추울 때 두꺼운 옷을 입어서 외부의 차가운 공기로부터 몸을 보온하듯이, 플랜트도 뜨겁거나 차가운 외부의 공기로부터 유체의 온도를 유지시킬 필요가 있을 때는 단열재로 적절하게 보온 혹은 보냉을 한다. 필요한 경우에는 열선, 냉각수 혹은 뜨거운 열 매체가 외부에 흐르도록 해서 온도를 일정하게 유지시킨다.

열전달의 원리는 전도, 대류, 복사 세 가지로 나눌 수 있다. 전도의 원리는 어떠한 고체 물질을 사이에 두고 열이 전달되는 경우를 의미한다. 예를 들면 가스레인지의 불꽃으로 프라이팬을 달굴 때 불꽃이 닿는 팬 바닥과 표면 사이 금속판에서 일어나는 열전달이다. 대류의 원리는 기체나 액체 부분의 열전달이 대부분이다. 예를 들면 끓는 냄비 속의 물에서 일어나는 열전달 혹은 우리가 난로를 쬘 때 은은하게 전달되는 열기 등이다. 복사의 원리는 뜨거운 물체로부터 방사되어 전달되는 열을 예로 들 수 있다. 태양으로부터 오는 에너지 등이 좋은 예다.

열전달 원리가 적용되는 대표적인 장치는 앞서 언급한 열교환기다.

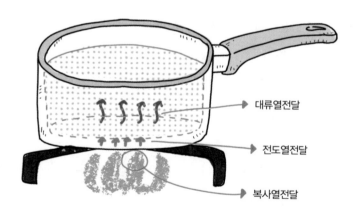

그림 7 열전달 예시
냄비의 물을 끓일 때 바닥을 통해 열이 전달되는 전도, 냄비 안에서 액체와 기체가 섞이면서 열을 전달하는 대류, 불꽃에서 발생하는 복사 등의 열전달 과정이 이루어진다.

어떤 물질의 온도를 높이거나 낮출 때 활용하는 열교환기는 대부분의 플랜트에 적용되어 있을 정도로 많이 쓰인다.

온도를 높이는 열교환기는 증기나 물 혹은 전기를 활용하여 대상이 되는 물질에 열에너지를 부여한다. 증기는 물에 열을 가하여 수증기 상태로 만든 것을 의미한다. 물을 증기로 만들려면 많은 열에너지를 부여해야 한다.

거꾸로 이야기하면 증기는 많은 열에너지를 가지고 있다는 의미이므로, 다른 물질을 데울 때 효과적으로 활용할 수 있다. 그냥 뜨거운 물을 활용해서 어떤 물질을 데우기보다 증기를 활용하면 더 효과적으로 온도를 높일 수 있다는 말이다. 그래서 많은 플랜트가 온도를 높일 때 증기를 활용한다.

한편 증기를 만들려면 보일러와 압축기가 필요하기 때문에 적당하게 온도를 높이는 경우에는 전기를 활용하기도 한다. 우리 일상생활에서 흔히 볼 수 있는 전기 열교환기는 바로 온수기다. 온수기는 전기를 열에너지로 바꾸어서 온도를 높인다. 증기를 활용하는 것에 비해 열효율이 좋지는 않지만, 간편하게 온도를 높일 수 있으므로 많이 활용된다.

플랜트에서 온도를 높이는 것은 중요한 일이지만, 반대로 온도를 낮추는 것이 중요할 때도 있다. 어떤 물질을 가열하여 원하는 제품을 만든 후에는 온도가 너무 높으므로 다시 식혀야 하는 경우도 있다. 이때는 온도를 낮추는 열교환기를 활용한다. 쉽게 말하면 냉각기를 뜻한다. 냉각을 위해서는 주로 냉각수나 공기를 활용하며, 바다에 인접한 플랜트에서는 바닷물을 활용하기도 한다.

이렇게 가열이나 냉각에 활용하는 열교환기는 열전달 원리를 기반으로 작동한다. 이 장치를 효율적으로 설계하여 제작하면 비용은 적게 들이고 원하는 대로 가열이나 냉각을 할 수 있다. 열교환기뿐만 아니라 탱크나 압력 용기의 온도를 일정하게 유지할 필요가 있을 때 단열을 적용해야 하는 경우가 있는데, 열전달 원리에 따라 계산하면 그 두께를 결정할 수 있다. 최적의 두께를 결정하면 플랜트 건설 비용을 줄일 수도 있다.

물질전달 증류와 흡수

화학공학에서 다루는 분야 중 하나인 물질전달은 여러 물질 사이를 교환시키거나 또는 어떤 혼합물을 분리할 때 핵심적으로 활용해야 하는 이론이다.

물질전달을 적용하는 화학 공정에서 빼놓을 수 없는 것은 바로 증류 공정이다. 증류 공정은 다양한 물질이 혼합되어 있을 때 끓는점에 따라 분리하는 공정이다. 그래서 특히 원유를 분리할 때 필수적으로 활용된다.

증류 공정의 핵심은 원유가 들어 있는 증류탑의 아래에 열을 가하고, 위는 냉각하는 것이다. 그러면 증류탑의 아래와 위의 온도가 달라진다. 이때 각각의 온도에 맞게 물질들이 액체가 되거나 기체가 된다.

보통 원유를 분리하면 제일 위에서는 프로판이나 부탄 같은 가스가 나오고, 제일 아래에는 아스팔트처럼 열을 가해도 쉽게 기체가 되지 않

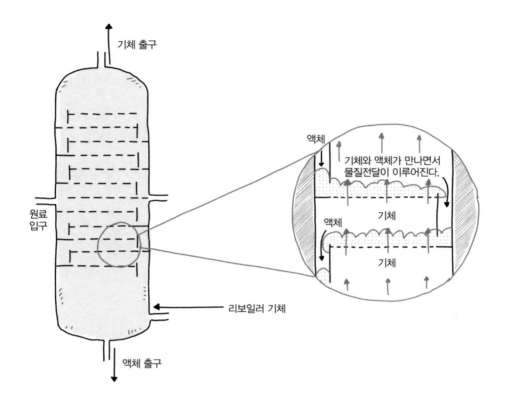

그림 8 물질전달 예시

원료를 분리해내는 증류탑 내에서는 기체가 위로 올라가고 액체는 밑으로 내려오면서 서로 만나게 되어 물질전달이 이루어진다.

는 물질이 남는다. 증류탑의 중간 부분에서는 휘발유, 경유, 등유 등이 액체화되어 존재한다.

온도 차이에 따라서 기체가 되어야 할 성분은 위로 올라가고, 액체가 되어야 할 성분은 밑으로 내려오면서 서로 마주치게 된다. 이때 물질전달, 즉 액체는 더욱 액체가 되려 하고 기체는 더욱 기체가 되려 하는 원리 때문에 분리가 일어난다.

어느 가벼운 성분이 기체가 되어 위로 올라가더라도 액체가 되는 온도에 가까워지면 위에서 오는 액체와 만나서 합류하고, 그 부분에서는 액체가 될 것이다.

이러한 현상을 이용하면 무척 높은 증류탑의 각 층에서 각각의 액체를 만들 수 있다. 탑의 가장 윗부분에서는 최종적으로 가장 가벼운 성분이 기체가 되어 날아간다.

보통 탑의 아랫부분과 윗부분 간의 온도 차이가 커질수록 물질전달이 잘되고, 결과적으로 분리 결과가 좋아진다. 이를 위해서는 증류탑을 높게 만들거나 또는 증류탑의 밑부분에서는 가열을 강하게 하고 윗부분에서는 냉각을 강하게 하면 된다. 그렇지만 두 가지 경우 모두 비용에 관한 문제가 생긴다. 그러므로 최적의 높이를 선정하는 동시에 가열과 냉각량을 조절하여 가장 경제적으로 분리할 수 있도록 설계하고 운전한다.

물질전달이 적용되는 다른 예는 바로 흡수 공정이다. 흡수 공정은 어떠한 물질을 활용하여 특정 물질을 선택적으로 흡수하는 것이다. 예를 들면 앞서 환경 플랜트 부분에서도 살펴보았던 이산화탄소 흡수 공정이 있다.

나날이 심각해지고 있는 온실가스 문제 때문에 지구의 온도가 높아진다는 이야기를 많이 들어봤을 것이다. 이 문제는 인류가 화석연료를 많이 활용함에 따라 이산화탄소 배출량도 폭발적으로 늘었기 때문에 나타난다.

이산화탄소 흡수 공정은 온실가스를 줄이기 위해, 플랜트 등에서 배출하는 배기가스에 포함된 이산화탄소를 흡수하여 제거하는 기술이다. 플랜트에서 배출하는 가스에는 이산화탄소뿐만 아니라 질소, 질산화물 등이 포함되어 있는데, 이산화탄소 흡수 공정은 그 혼합물 중 이산화탄소만을 선택적으로 흡수한다. 이때 활용되는 핵심 기술이 바로 포집 용액이다. 포집 용액은 물질전달 과정을 통해 배기가스에 있는 이산화탄소만을 흡수하고, 질소 등은 그대로 배출한다. 이산화탄소를 흡수한 용액은 다음 공정에서 재생 과정을 거치면서 이산화탄소를 배출한다. 이 용액은 다시 흡수 공정에서 활용하는 등 반복하여 사용할 수 있다.

반응 화학공학의 꽃

화학공학의 꽃이라고 불리는 반응은, 화학공학에 '화학'이라는 명칭이 붙은 현상과도 관련이 많다. 보통 중고등학교에서 화학을 좋아한 학생들이 화학공학과에 진학하는 경우가 많은데, 실제로는 화학공학과에 오면 수학이나 물리를 많이 배워서 당혹스러워하는 경우가 많다. 수학이나 물리를 많이 배우는 이유는 화학공학의 원리를 주로 활용하는 플랜트에서 어떤 물질을 이송하고 분리하는 등의 장치 조작을 많이 하기 때문이다. 그렇지만 화학공학이란 이름에 화학이 붙은 이유는 어떠한 물질을 가열하거나 냉각하여 다른 물질로 변환하거나, 물질을 혼합한 후 반응시켜서 또 다른 물질을 생성하는 반응 과정이 무척이나 중요하기 때문이다. 본래 화학공학의 태동은 기계공학에서 시작되었다가 그러한 반응 과정의 중요성이 부각되면서 본격적인 전문 분야가 되었다. 이후 이 분야가 일상에서 없어서는 안 되는 수많은 물질을 생산하여 지금의 풍요로운 사회를 실현하는 데 크게 기여한 것이다.

반응공학의 핵심은, 물질 간에 화학반응이 일어나서 어떠한 물질이 만들어지는지와 그러한 반응이 어떠한 속도와 메커니즘으로 일어나느

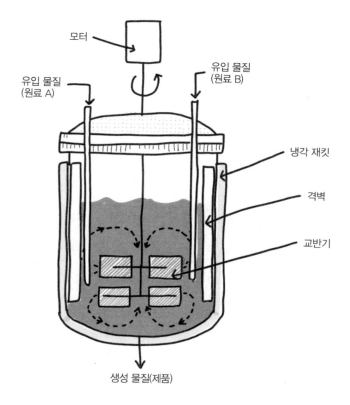

그림 9 반응기의 원리

반응기에 각종 원료를 넣으면 화학반응이 일어나므로 우리가 원하는 제품을 생성할 수 있다. 이때 반응기 내의 물질이 잘 섞이고 원활한 반응이 일어나도록 교반기를 활용한다.

냐다. 반응이 일어날 때는 열이 발생하거나 열을 흡수해야 하는데 이것도 고려해야 한다.

반응을 촉진하는 것도 중요하다. 예를 들어 어떤 물질을 반응시킬 때 특정 온도까지 가열해야 한다면 알맞은 에너지를 공급해서 온도를 높여야 할 것이다. 반대로 발열반응 때문에 온도가 높아져서 반응이 더뎌진다면 온도를 낮추기 위해 냉각해야 할 것이다. 또한 반응을 빠르게 하거나 낮은 온도에서도 쉽게 일으키고 싶다면 촉매 물질을 활용해서 더 쉽게 할 수도 있다.

반응은 특정 조건과 촉매에 따라 매우 다르게 일어나기 때문에 그에 맞추어 플랜트를 설계해야 한다. 플랜트의 핵심은 최대한 적은 비용과 에너지를 들여서 원하는 물질을 만들어내는 경제성이다. 그러므로 원료와 이들의 반응을 통해 얻는 생성물의 화학적 특성을 잘 알아야 하고, 반응 메커니즘 및 여기에 도움이 되는 촉매를 잘 선정해야 한다.

반응 원리를 적용한 대표적 사례는 나일론 합성이다. 디클로로메탄, 염화아디프산, 수산화나트륨, 헥사메틸렌디아민 등의 물질을 섞으면 반응하여 나일론이 형성되고, 이를 유리막대 등으로 건져내면 나일론이 석출된다. 이렇게 생성된 나일론을 유리막대로 돌리면 실을 감은 듯한 모양이 된다. 이를 잘 건조하면 우리가 입는 옷의 합성 원료인 나일론이 된다. 간단한 실험으로도 나일론을 만들 수 있지만, 옷의 원료로 쓰이는 나일론처럼 품질이 좋은 재료를 대량으로 만들기 위해서는 정교하게 설계하고 건설한 화학 플랜트가 필요하다.

지금까지 유체역학, 열전달, 물질전달, 반응공학 등과 같이 플랜트에 적용되는 대표적인 원리를 살펴보았다. 플랜트에는 이러한 원리 외에도 수많은 원리가 적용되지만 그중에서도 공통적으로 적용되는 학문을 위주로 소개했다. 그럼 플랜트에 적용되는 대표적인 장치로는 무엇이 있는지를 살펴보자.

플랜트에는 어떤 장치들이 있나

앞서 살펴본 것처럼 플랜트는 다양한 공학 원리를 토대로 우리가 원하는 제품과 에너지를 생산한다. 그렇다면 플랜트는 구체적으로 무엇으로 구성될까?

지금은 고도화한 설계와 건설 기술, 그리고 표준화한 장치 설비에 따라 플랜트를 체계적이고 빠르게 지을 수 있지만, 플랜트 산업의 태동기였던 1900년대 초반에는 많은 시행착오와 노력이 필요했다. 특히, 흐르는 물질을 가열하고, 반응시키고, 분리하는 등의 주요 장치가 표준화되지 않아 플랜트가 제각각 다른 형태로 설계, 제작되었다. 이처럼 맞춤 형태로 장치를 제작했으니 용량이나 운전 조건이 바뀌면 그에 따라 개조하는 일도 힘들었을 것이다.

그러던 중 플랜트 산업을 폭발적으로 발전시킨 개념 중 하나인 '단위 조작 Unit operation'이 등장했다. 단위 조작은 화학공학을 공부하면 필수적으로 배우는 과목 중 하나다. 이 개념은 1900년 초반에 아서 D. 리틀 Arther D. Little이라는 MIT 교수가 제시했고, 수년 뒤에 윌리엄 H. 워커 William H. Walker 등이 정립했다고 한다(www.sciencehistory.org).

이들이 정의한 단위 조작은 '다양한 화학 산업에는 동일한 물리 법칙을 따르는 공정이 있다'는 것이다. 이 의미는 전혀 다른 플랜트라고 할지라도 그 구성 장치는 동일한 것을 활용할 수 있다는 것이다. 오일을 처리하는 플랜트에서 액체를 이송하려면 펌프를 활용하고, 기체를 이송하려면 압축기를 활용하는데, 식품을 만드는 플랜트 또한 액체나 기체를 이송할 때 동일한 원리에 기반한 장치를 활용한다. 물질을 가열할 때 활용하는 히터, 냉각하는 데 활용하는 냉각기, 가스와 액체를 분리하는 데 활용하는 분리기 등의 구성 장치는 동일한 원리에 기반하여 만들어진다. 즉, 기존에는 플랜트 하나하나마다 장치를 맞춤형으로 설계하고 제작했다면, 이제는 필요한 장치를 가져다 연결하여 구성하면 우리가 원하는 플랜트가 된다. 플랜트의 종류가 다양하더라도 공통으로 활용할 수 있는 장치가 많기 때문이다.

이와 더불어 각 단위 장치의 표준화가 더욱 강화된 계기가 있었다. 바로 안전사고였다. 특히 중요하게 회자되는 사건은 1905년경에 미국 신발 공장에서 발생한 보일러 폭발 사고이다(www.asme.org). 당시에는 표준화된 설계와 제작 절차 없이 제작자에 따라 다르게 보일러를 만들었다. 숙련된 기술자가 제작했다면 문제가 없었겠지만, 절차나 규정이 없는 상태로 미흡하게 제작한 보일러 때문에 1900년 전후로 수천 명의 사고 사망자가 발생했다. 그러다가 신발 공장 폭발 사고처럼 더욱 심각한 상황이 발생했고, 결국 미국에서는 관련 표준과 인증을 정립했다. 그렇게 보일러 설계, 제작과 관리 등에 대한 사항을 법으로 규정하자 사고가 현저하게 줄었다고 한다.

보일러 같은 장치를 표준화하면 보다 쉽게 대량으로 제작할 수 있다. 이러한 틀을 활용하여 플랜트를 좀 더 빨리 설계하고 만들면 우리가 원하는 제품이나 에너지를 보다 빠르게 생산할 수 있으므로 관련 산업이 폭발적으로 성장할 수 있는 계기가 된다.

그렇다면 플랜트에 자주 활용되는 주요 장치는 무엇이고, 이들은 무슨 원리를 기반으로 작동할까? 수많은 장치와 설비가 있지만, 그중에서도 대부분의 플랜트에서 활용되는 펌프, 압축기, 용기, 열교환기, 밸브, 계기 등을 살펴보자.

▌ 펌프 액체를 이송한다

펌프는 액체를 이송하는 장치다. 액체 상태의 원료가 제품으로 탄생하기까지 거치는 많은 흐름 과정에 필수적으로 활용된다. 실생활의 여러 분야에서 활용되고 있지만 관심을 가지고 보지 않으면 눈에 잘 띄지 않는다.

예를 들어 농사 지을 때 활용하는 양수기, 아파트에서 바닥의 물을 꼭대기에 있는 물탱크까지 올릴 때 활용하는 펌프는 거의 모든 플랜트에서도 활용되는 핵심 구성품이다. 펌프는 유체역학의 원리에 따라 작동하는데, 베르누이의 법칙을 따른다.

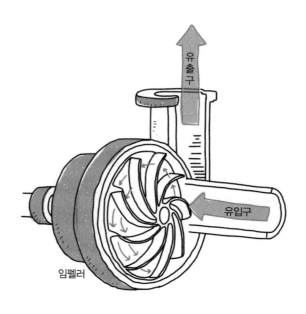

그림 10 펌프의 원리

펌프는 임펠러를 회전시켜서 유입되는 액체에 에너지를 부여한 후 배출한다.

예를 들어 아파트 1층에서 꼭대기 층까지 동일한 속도와 압력을 유지하면서 물을 올려야 할 때 배관 내에서 발생하는 마찰 손실을 무시한다면 그 높이에 대한 에너지를 부가해주어야만 꼭대기 층까지 물이 올라갈 수 있다. 이때 그 높이 에너지를 부가해주는 것이 바로 펌프다. 원심식 펌프를 전기로 구동하면 전기에너지가 펌프의 원심력으로 바뀌며, 원심력이 결국 액체의 높이와 마찰 손실 등을 보상해주는 에너지로 바뀐다.

플랜트 장치나 배관 안에서 이동하는 물질은 액체, 기체, 고체 등으로 나뉜다. 액체를 이송하는 펌프는 플랜트에서 없어서는 안 되는 매우 중요한 장치다. 원료 물질을 혼합하거나 가열하고 반응시켜 최종 제품을 만들기까지 계속 이동시켜야 하는데, 이동을 하려면 결국 에너지를 부여해야 한다.

액체의 경우 펌프가 이러한 역할을 한다. 예를 들면 건물 1층에서 생산한 액체 물질이 일정한 압력을 유지한 채로 5층까지 올라가야 한다면 펌프를 활용해야 할 것이다. 또한 플랜트 곳곳에서 각종 물질의 온도를 낮추어주는 냉각수가 있다면 펌프를 통해 순환시켜야 할 것이다.

펌프의 종류는 물질에 따라 매우 다양하지만, 핵심 기능은 바로 액체에 에너지를 부여하는 것이다. 이러한 기능은 앞서 살펴본 베르누이의 법칙과 관련된다. 즉, 어떠한 물질의 높이, 속도, 압력은 서로 변환된다. 그리고 에너지의 합이 작은 상태에서 높은 상태, 예컨대 일정한 압력과 속도를 가진 물의 흐름을 낮은 곳에서 높은 곳까지 끌어올리려면 펌프로 에너지를 공급해줘야 한다.

펌프의 종류는 무척 많지만 대표적으로 원심식 펌프와 왕복동식 펌프를 들 수 있다. 원심식 펌프는 임펠러, 즉 선풍기의 프로펠러와 비슷한 구조물이 돌아가면서 압력 에너지를 부여한다. 왕복동식 펌프는 주사기 같은 피스톤의 왕복운동을 통해 유체에 압력 에너지를 부여한다.

압축기 기체를 압축하고 이송한다

압축기Compressor는 기체의 압축과 이송에 활용하는 장치다. 펌프가 액체의 가압에 활용된다면, 압축기는 기체에 활용된다. 프로펠러가 돌아가면서 에너지를 부여하는 원심식이든, 주사기처럼 피스톤이 움직이면서 압축하는 왕복동식이든 유입되는 기체의 압력을 높여주는 역할을 한다.

기체 또한 액체와 마찬가지로 어딘가로 보내야 하는 경우가 많은데 이때 압축기를 활용한다. 우리 실생활에서 활용되는 대표적인 예시는 바로 에어컨이다. 에어컨은 냉매를 압축한 후 이를 다시 팽창시키는 과정을 거쳐서 매우 차가운 상태로 만든다. 이렇게 차가워진 냉매가 유입되는 공기를 냉각해서 실내를 시원하게 만든다. 동일한 원리를 냉장고에도 활용하여 냉매를 통해 냉장고의 저온을 유지할 수 있다. 냉매가 이러한 냉각 시스템에서 활용되는 이유는, 공기를 차갑게 만든 후 기체 상태로 변화한 냉매는 압축을 해야 다시 냉각시킬 수 있는 유체로 변하기 때문이다. 이때 압축기를 활용한다.

이렇게 일상생활에서 냉각에 많이 쓰이는 압축기는 플랜트에서는 기체의 압력을 높이는 데 많이 활용된다. 대표적인 예시는 가정에서 사용하는 천연가스를 압축하는 것이다.

지정학적으로 고립되어 있는 우리나라는 액화천연가스, 즉 LNG라는 형태로 수입하므로 크게 관련이 없지만, 해외에서는 가스전에서 생산한 가스를 파이프라인을 통해 곧바로 가정이나 발전소로 보내는 경우도 많

다. 가스전에서 생산하는 가스는 매우 멀리 떨어진 곳까지 이송하기에
는 압력이 부족하다. 가스를 생산하는 플랜트에서 천연가스를 순수하게
만들기 위해 온갖 정제와 분리 과정을 거치면 압력이 낮아지는데, 보통
수십에서 수백 킬로미터 이상으로 떨어져 있는 가스 수요처까지 이송하
려면 높은 압력이 필요하다.

파이프라인을 통해 먼 곳까지 많은 가스를 보내면 이동하면서 마찰
이 많아져서 압력이 계속 낮아진다. 이렇게 낮아지는 압력을 극복해야
목적지까지 도달할 수 있기 때문에, 압축기로 가스의 압력을 높여야
한다.

천연가스 플랜트뿐만 아니라 공기를 압축해서 플랜트의 온갖 자동
밸브를 움직여야 할 때도 압축기가 필수적이다. 이렇게 다양한 방면에
필요하기 때문에 대부분의 플랜트는 상황에 맞는 압축기를 구비하고
있다.

용기 각종 물질을 저장하고 분리한다

유체의 분리, 저장 등에 활용되는 용기 Vessel는 거의 모든 플랜트에
서 활용되는 설비다. 기체와 액체를 분리하여 생산한 제품을 저장하거
나 원료 자체를 저장하는 것은 대부분의 플랜트 공정에서 필수적인 기
능이기 때문이다. 용기의 대표적인 형태로는 수직형 용기와 수평형 용
기가 있다. 수직형이든 수평형이든 플랜트 용기의 주요 역할은 기체와

액체의 혼합물을 분리하는 것이다. 용기로 기체나 액체가 유입되면 위로는 기체, 아래로는 액체가 배출된다.

더 세분화하면 2상, 3상으로도 나눌 수 있다. 3상의 경우 단순히 기체와 액체를 분리하는 것이 아니라, 액체도 밀도 차에 따라 분리하는 기능이 추가된다. 예를 들어 가스, 물 그리고 기름이 섞여 있는 물질을 분리한다면, 가스는 위로 나가겠지만 액체인 물과 기름은 또 다른 방식으로 분리해야 할 것이다. 물병에 물과 기름을 같이 넣으면 밀도 차 때문에 기름은 위로, 물은 밑으로 가라앉는 것처럼 용기 내에서도 같은 원리를 활용하여 기름을 위쪽으로 걸러낼 수 있다.

분리 기능이 없더라도 내용물의 압력이 높으면 캡슐 형태로 튼튼하

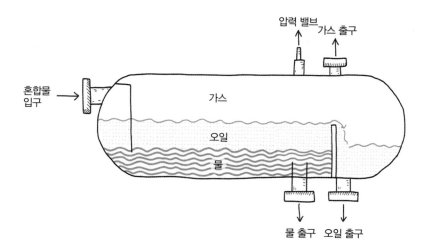

그림 11 용기의 원리
가스, 물, 오일의 혼합물이 용기에 유입된 후 분리되어 가스는 위로 빠져나가고 오일과 물은 밑부분에 담긴다. 오일과 물은 다시 밀도 차이로 인해 분리되며 격벽을 두고 나뉜 후 각각의 출구로 나간다.

게 만들어야 할 때가 있는데 이때도 용기^{Vessel}라고 지칭한다. 탱크^{Tank}는 압력이 높지 않은 유체를 분리하거나 저장할 때 쓰는 사각 혹은 원통형 장치를 의미한다.

▌ 열교환기 물질의 온도를 높이거나 낮춘다

열교환기는 플랜트에서 활용되는 다양한 물질의 온도를 높이거나 낮추는 장치다. 플랜트에서는 각종 물질을 자주 가열하거나 냉각하므로 열교환기는 가장 중요하고 자주 활용되는 장치 중 하나다.

일상생활에서 쉽게 찾아볼 수 있는 냉온 정수기에서 물을 가열하거나 냉각할 때 바로 열교환기가 활용된다. 이때 전기로 열을 발생시키거나 냉매로 열을 빼앗는다. 가정에서 쓰는 에어컨도 마찬가지다. 실내 공기를 차갑게 만들기 위해서는 냉매로부터 열을 빼앗아야 하는데, 이때 공기를 활용한 실외기라는 열교환기를 사용한다. 실외기 주위는 상당히 뜨거운데, 그 이유는 열을 냉매로부터 빼앗아 방출하기 때문이다.

천연가스를 생산하는 플랜트의 경우 가스전에서 생산되는 가스의 온도가 높을 때 가스에 있는 액체를 응축시켜 분리하기 위해 온도를 낮추는 열교환기를 활용한다.

열교환기는 종류가 다양하다. 플랜트에서 유체 간 열교환을 위해 많이 활용하는 열교환기는 셸-튜브^{Shell and tube} 열교환기다. 높은 압력과 온도에서 버틸 수 있고 열교환기 중에서도 우수한 성능을 자랑하기 때

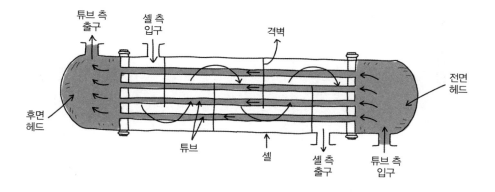

그림 12 열교환기의 원리(셸-튜브형)

한 유체는 튜브 측으로 들어가고, 다른 유체는 셸 측으로 들어가서 흐른다. 이때 서로 간에 열교환이 일어
나면서 에너지가 이동한다.

문에 많이 활용된다.

그다음으로 많이 활용되는 것은 판형 열교환기다. 셸-튜브 열교환기
는 구조가 복잡하고 강도가 세서 가격이 비싼데, 보통 활용되는 판형 열
교환기는 단순하며 작을 뿐만 아니라 가격도 저렴하다. 다만 일반적인
경우 30bar 이상의 높은 압력에서는 활용하기가 어려워서 적용하는 데
제한이 있다. 그 밖에 실외기처럼 뜨거운 유체를 공기와 열교환하는 공
랭식 열교환기도 있다.

열교환기는 이렇게 종류가 다양하지만 앞서 살펴본 열전달의 원리가
똑같이 적용된다. 즉, 어떤 구조물이나 철판 사이에 두 종류의 유체를
두고 열을 교환하여 온도를 높이거나 낮춘다. 플랜트에서는 열을 가하
거나 빼앗아야 하는 경우가 많기 때문에 열교환기는 대부분의 플랜트에
반드시 필요하다.

밸브 물질의 흐름을 제어한다

밸브는 가스나 액체의 흐름을 개폐하거나 양을 조절할 때 활용한다. 우리 실생활에서 가장 친숙한 밸브는 바로 수도꼭지다. 나오는 물의 양을 조절할 수 있을 뿐만 아니라 완전히 방출하거나 차단할 때 활용한다. 가정에서 설거지할 때 수도꼭지를 조절하듯이, 플랜트에서도 유량을 조절하기 위해 밸브를 활용한다. 상황에 따라 원료와 제품의 양을 변화시켜야 할 수도 있으므로, 밸브로 양을 조절한다. 즉, 제품을 적게 생산한다면 관련된 밸브를 적게 여는 식으로 조절하는 것이다.

밸브의 기능은 이뿐만이 아니다. 플랜트의 생산량을 조절하는 경우 외에 비상 상황이 생겨서 공급을 멈춰야 할 때에도 활용한다. 긴급하게 밸브를 닫아서 후속 공정에 더 이상의 문제가 생기지 않게 하는 것이다. 특히 플랜트의 어떤 부위에 화재가 발생하면 주변 장치의 온도가 올라가고 결국 파열되어 내용물이 누출되는 등의 중대한 사고가 발생할 수 있다. 이때 자동으로 차단되는 밸브가 작동하여 각 시스템 사이를 격리하면 사고의 규모를 줄일 수 있다.

이러한 밸브가 평상시에 열려 있다가 위험 상황이 발생하면 차단된다고 한다면, 반대의 경우도 있다. 평상시에는 닫힌 상태이지만 공정에 문제가 생기거나 화재가 발생하여 가열 폭발 같은 중대한 위험이 예상되는 경우 물질을 재빠르게 외부로 방출할 때도 활용된다. 석유화학단지 등의 플랜트를 보면 가끔 굴뚝에서 화염이 치솟는 경우가 있는데, 이 화염은 공정 상황이 비정상이어서 내부의 유체를 배출할 때 나타난다.

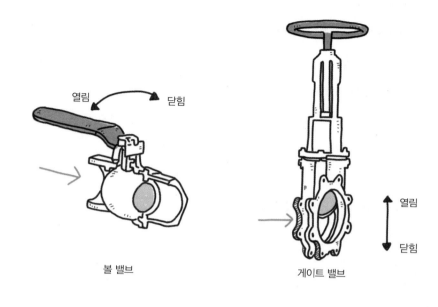

볼 밸브

게이트 밸브

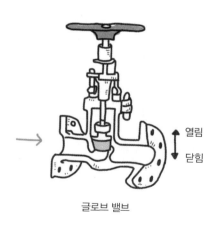

글로브 밸브

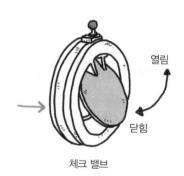

체크 밸브

그림 13 밸브의 종류

이렇게 여러 가지 기능을 하는 만큼 밸브의 종류는 매우 다양하다.

수동으로 동작하는 밸브 중 대표적인 것은 볼 밸브, 게이트 밸브, 글로브 밸브 등이다.

볼 밸브는 내부에 구멍이 뚫린 쇠구슬 같은 것이 들어 있다. 이 구조물이 회전함에 따라 내용물의 흐름을 열거나 닫는다. 배관의 크기가 크면 밸브의 쇠구슬 형태의 구성품도 커진다. 그러므로 볼 밸브는 다른 밸브보다 상당히 크며 가격도 비싸다. 그렇지만 밸브를 닫아놓았을 때 유체가 새는 문제점이 다른 밸브에 비해 적으므로 중요한 장치에 많이 활용한다.

게이트 밸브는 말 그대로 유체의 흐름을 개폐하는 구조물이 게이트gate, 즉 문처럼 생겼다. 위아래로 게이트를 열고 닫을 수 있는데 볼 밸브보다 크기가 작다. 그렇지만 유체의 흐름을 차단하는 기밀성이 떨어지기 때문에 조금 새도 큰 문제가 없는 유체가 흐르는 곳에 많이 활용한다.

글로브 밸브는 내부의 유체가 흘러가는 부분을 팽이와 비슷하게 생긴 구조물을 위아래로 움직여서 조절하는 밸브다. 볼 밸브나 게이트 밸브는 미세한 조절이 어려운 반면 글로브 밸브를 활용하면 원하는 만큼의 유체를 흘려보낼 수 있다. 그렇기 때문에 단순히 열고 닫음만 필요한 곳이 아니라 흘러가는 양을 조절해야 하는 곳에는 글로브 밸브를 활용해야 한다.

앞에서 살펴본 밸브들은 사람이 수동으로 작동해야 하는데, 체크 밸브처럼 사람이 조절할 필요 없이 역류를 방지하는 기능을 하는 밸브도 있다. 이 밸브는 유체가 정상적으로 흐르다가 반대로 역류할 때 이를 차

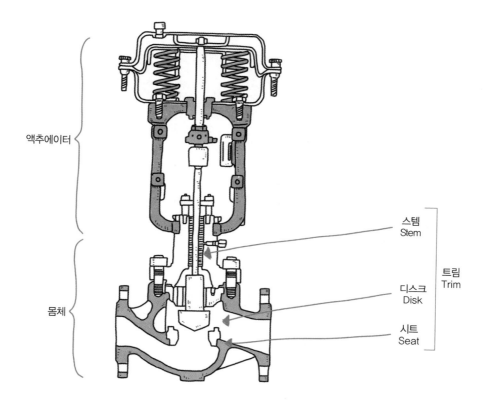

액추에이터

스템
Stem

디스크
Disk

트림
Trim

시트
Seat

몸체

그림 14 밸브의 구조

밸브의 핵심은 몸체, 스템, 액추에이터다. 종류에 따라 다르지만 몸체를 통해 유체가 흘러가고, 스템과 엑추에이터의 작동에 따라 유체가 제어된다.

단해준다. 그 원리는 유체가 앞에서 뒤로 흘러갈 때는 위로 들려 있던 판이 유체의 흐름이 반대가 될 때는 차단하는 것이다. 마치 집 안의 방문이 한쪽으로만 열리게 되어 있는 것과 비슷한 원리다.

지금까지 살펴본 밸브들은 대부분 사람이 손으로 작동시킨다. 그렇지만 대형 플랜트를 운영할 때 가장 중요한 것 중 하나는 많은 장치가 자동으로 움직여야 한다는 것이다. 수많은 장치와 밸브를 사람이 일일이 조작할 수는 없기 때문에 대부분의 플랜트는 컴퓨터를 활용하여 자동 운전을 한다. 이에 따라 밸브에도 자동적으로 움직이게 하는 장치를 설치한다. 사람이 손으로 작동하는 경우에는 핸들이 필요한데, 이 핸들을 대체하는 장치를 밸브에 부착한다. 이 장치를 액추에이터^{Actuator}라고 한다.

액추에이터는 볼 밸브, 글로브 밸브 등에 부착된다. 즉, 유체가 흘러가는 몸체^{body} 부분은 그대로고 핸들만 액추에이터로 바뀐다. 액추에이터는 주로 공기나 전기모터를 통해 자동으로 작동한다.

플랜트에서 기본적으로 활용되는 공기 액추에이터의 구조를 보면 내부에 스프링이 있어서, 공기가 공급되지 않으면 스프링 때문에 열리거나 닫히고, 공기가 들어오면 스프링의 힘을 이겨내고 밸브가 움직인다. 전기 액추에이터는 전기 공급에 따라 모터가 돌아가서 밸브를 열고 닫는다.

그렇다면 밸브를 열고 닫으라는 신호는 어떻게 전송될까? 유체의 온도, 압력이나 유량을 원하는 수준으로 맞추기 위해서는 먼저 이 상황들을 실시간으로 측정할 도구가 필요하다. 이러한 기능을 하는 것이 바로 계기다.

계기 플랜트의 각종 상태를 알아차린다

인스트루먼트 Instrument라고도 하는 계기는 플랜트를 운전하는 데 밸브 이상으로 중요한 구성품이다. 계기는 유체의 상태를 측정하는 데 쓰인다. 예컨대 일상생활에서 사용하는 가스계량기나 수도계량기 같은 것이다. 계량기는 유체가 내부에 얼마나 흘러갔는지를 누적해서 수치로 보여준다.

가정에서 사용하는 일반 계량기는 정보를 표시하는 용도로만 활용되지만, 플랜트에서는 계기로 상태를 측정하고 이 정보를 활용하여 각종 장치나 밸브 등을 작동시킨다. 예를 들어보자.

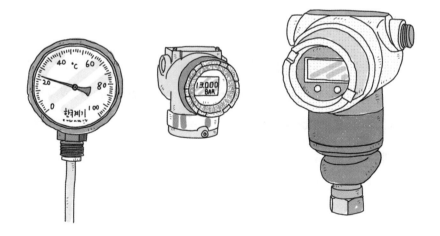

그림 15 게이지 예시

게이지(좌)는 아날로그 형태로서 지침이 지시하는 눈금을 읽을 수 있으며, 트랜스미터(우)는 디지털 형태로 표시되는 숫자를 읽으면 된다.

플랜트에서 원료 물질을 시간에 따라 조절해야 한다고 가정하면, 그 물질이 얼마나 들어가는지 측정할 수 있는 도구가 필요할 것이다. 이때 쓰이는 것이 바로 유량계다. 유량계는 종류가 매우 많은데 대표적인 것은 오리피스 유량계다. 배관 안에 삽입된 구멍을 통해 유체가 흘러가면 압력 차가 발생하는데, 유체의 속도에 따라 그 압력 차가 달라진다. 우리가 측정할 수 있는 것은 압력 차인데, 이를 속도로 환산할 수 있고 다시 유량으로 환산할 수 있다. 그러면 비로소 유체가 시간당 얼마나 흘러가는지를 알 수 있다.

이렇게 측정하는 도구가 있다면 사람이 직접 밸브 주위로 가서 열고 닫지 않아도 되고, 유량계로부터 읽어들이는 수치를 컴퓨터로 보내서 밸브의 동작을 지시할 수도 있다.

앞에서 살펴본 유량 외에 플랜트에서 가장 중요하게 측정해야 하는 것은 바로 압력과 온도다. 원료 물질은 수많은 과정을 거치면서 압력과 온도가 변하는데, 이 과정에서 물질이 액체가 될 수도, 기체가 될 수도 있다. 특히 물질이 반응하는 경우 반응 속도까지 결정지을 수 있으므로 정확한 수치로 제어해야 한다. 이 때문에 플랜트에는 수많은 압력계와 온도계가 설치되어 있다.

압력계와 온도계는 두 종류로 나뉜다. 하나는 게이지고 다른 하나는 트랜스미터다. 게이지는 아날로그 형태로서 사람이 현장에서 읽을 수 있다. 트랜스미터는 디지털 형태로 수치를 감지하고 이를 신호 전송 케이블을 통해 제어실로 보낸다. 그럼 제어실에 있는 사람이 수치를 확인할 수 있다.

이들은 중요한 공정 부위에서 항상 같이 활용된다. 즉, 압력의 경우 압력 게이지와 압력 트랜스미터가 같이 활용된다. 압력 게이지는 정확도는 분명하지만 신호를 제어실로 전달할 수 없다. 자동화된 플랜트에서는 압력 트랜스미터가 신호를 측정하고 이를 컴퓨터로 보내는 역할을 한다. 압력 트랜스미터는 디지털 형태여서 보정되지 않으면 정확한 측정값을 나타내지 않기 때문에 압력 게이지와 함께 비교하여 수치를 보정하고는 한다. 그렇게 서로 보완하는 계기를 통해 플랜트의 주요 상태를 측정하고 모니터링할 수 있다.

트랜스미터에서 송출하는 신호는 컴퓨터를 통해 나타나므로 사람이 제어실에서 확인할 수 있으며, 이러한 신호의 수치는 공정 운영을 모니터링하고 필요한 경우 각종 장치와 밸브를 제어하는 데 활용된다.

플랜트는 레고 장난감과 비슷하다

지금까지 플랜트에서 많이 활용되는 단위 구성품을 알아보았다. 그렇다면, 실제로 플랜트를 설계하고 건설할 때 이러한 구성품이 어떻게 유기적으로 결합되어 활용되는지 살펴보자. 일례로 액체와 가스가 섞인 물질을 분리하고 각각 압력을 가해 다른 시스템으로 공급하는 공정을 살펴보자.

이러한 기능을 하는 공정에는 앞에서 살펴본 구성품 대부분이 활용된다. 우선 제품을 분리하려면 용기가 필요하다. 그다음으로는 특정 용기에 제품이 흘러들어 가게 해야 하는데, 우리가 원하는 양만큼 유입하려면 밸브가 필요하다. 사람이 제어하기보다 자동으로 제어하려면 유량계와 제어 밸브를 용기 내 물질이 유입되는 배관에 적용하면 된다. 그러면 제어실에서 사람이 원하는 양을 용기로 유입시킬 수 있다. 그다음으로 용기에서는 압력과 온도에 따라 액체와 기체 성분의 상태가 결정되어 기체는 위로, 액체는 아래로 배출될 것이다. 예를 들어 공기와 물이 섞인 흐름이 용기에 들어오면 위로는 공기가 나가고 밑으로는 물이 나간다. 상단으로 나가는 기체를 다음 시스템으로 보내려면 에너지를 가해야 한다. 이때 활용하는 것이 압축기다. 압축기에서 압력이 높아지면 다음 시스템으로 갈 수 있다. 반면 액체의 경우 펌프를 활용하면 된다. 각 기체와 액체가 흐르는 과정에 압력, 온도 그리고 유량을 측정하는 계기를 설치하면 우리가 원하는 상태를 유지하도록 모니터링하고 제어할 수 있다. 어떤 물질의 높은 온도를 낮추고 싶으면 냉각 기능을 하는 열교환기를 설치하여 유입되는 냉각수 량을 조절하여 온도를 내릴 수 있고, 압력을 조절하고 싶으면 제어 밸브를 활용하면 된다.

각 구성품이 결합하면 단위 시스템이 되며, 여러 단위 시스템이 결합하면 결국 대규모의 플랜트 공정이 구성된다.

플랜트의 시스템은 대단히 복잡해 보이지만, 사실 자세히 살펴보면 각자 역할을 하는 구성품을 적시적소에 활용한 것뿐이다. 마치 레고 블록을 설명서에 따라 부분별로 조립하면 멋진 레고 장난감으로 탄생하는 것과 같다. 플랜트의 경우도 각 구성품을 설계 도면이나 문서에 따라 조립하고 결합하면 어느새 거대한 설비가 완성된다.

플랜트에서 중요한 점은 구성품들을 어떻게 조합하느냐에 따라 플랜트의 경제성, 안정성 등이 달라진다는 점이다. 플랜트를 짓는 데 들어가는 장치 비용뿐만 아니라 에너지, 인건비 등을 최대한 적게 쓰면서 원하는 수준의 제품이나 에너지를 생산해낼 수 있는 최적의 공정 시스템을 구성해야 최대의 이익을 창출할 수 있으며 안정성도 높일 수 있다.

이러한 최적의 플랜트를 설계하고 건설하는 것이 바로 플랜트 엔지니어의 주된 역할 중 하나다. 기능이 같은 플랜트라도 엔지니어에 따라 다르게 구성될 수 있다. 달리 이야기하면 기술력이 좋으면 좋을수록 운전하기도 편리하고 경제성이 좋은 플랜트를 건설하여 운영할 수 있다는 뜻이다.

지금까지 플랜트의 구성품과 이들이 일반적으로 어떻게 결합하는지를 살펴보았다. 다음으로는 플랜트에서 핵심적인 기능을 하는 주요 시스템의 특징을 살펴보자.

공정 시스템
플랜트 고유의 목적에 따라 천차만별

플랜트를 건설하는 목적은 원료나 에너지를 활용하여 우리가 원하는 제품이나 다른 형태의 에너지를 생산하기 위해서다. 이러한 목적을 위해 존재하는 것이 바로 공정 시스템이다. 플랜트는 주목적을 위한 공정 시스템, 그리고 이 공정 시스템을 보조하고 도와주는 유틸리티 시스템으로 나뉜다.

공정 시스템은 플랜트의 종류와 기능에 따라 천차만별이다. 원유를 증류하여 다양한 제품을 만드는 석유화학 플랜트의 경우 가열로를 활용하여 원유를 가열하고 이를 증류탑이라는 장치를 통해 분리한다. 증류탑은 그 자체만으로는 제대로 된 역할을 할 수 없다. 증류탑의 아랫부분은 보일러로 가열하고, 윗부분은 열교환기로 냉각해야 비로소 원하는 대로 성능을 낼 수 있다. 즉, 각각 고유의 기능을 하는 장치가 모여야 시스템을 이루고 우리가 원하는 목적을 달성할 수 있다.

중류 시스템이 그렇게 원유의 끓는점 차이를 이용해 물질을 분리하는 공정 시스템이라면, 중류탑에서 분리되어 나오는 물질인 나프타로 플라스틱의 원료인 에틸렌이나 프로필렌을 만들려면 반응기라는 장치와 이를 보조하는 각종 열교환기 등으로 구성된 또 다른 공정 시스템이 필요하다.

그렇다면, 발전 시스템은 어떨까. 예컨대 가스 화력발전소를 건설하는 주목적은 가스를 활용하여 전기를 생산하기 위해서다. 여기서는 보일러로 가스를 태워 열을 발생시킬 것이고, 열이 물을 데워 증기를 발생시키면 이를 활용하여 터빈을 돌려 전기를 발생시킬 것이다. 이때 터빈뿐만 아니라 각종 열교환기와 펌프, 이들을 잇는 배관과 온도나 압력을 측정하기 위한 계기 등이 모두 유기적으로 조합되어 공정 시스템을 구성한다.

이렇듯 공정 시스템은 플랜트에 따라 고유의 목적을 이루기 위해 구성되지만, 결국 원하는 제품이나 에너지를 생산한다는 목적은 같다. 이 목적을 달성하기 위해 각종 장치, 배관, 계기를 결합하여 대단위 시스템을 만든다.

유틸리티 시스템 공정 시스템을 보조하라

공정 시스템은 각 플랜트마다 구성이 다르지만, 유틸리티 시스템은 구성과 기능이 비슷한 경우가 많다.

플랜트에서 주로 활용되는 유틸리티는 공기, 질소, 냉각수, 열매체, 증기, 전기 등이다. 공기는 앞서 살펴본 각종 자동 밸브를 열고 닫는 데 핵심적으로 활용되는 유틸리티다. 어떠한 플랜트든 수분이 없고 밸브를 움직일 수 있도록 압력이 적절한 공기를 생산해야 하는데, 그 생산 시스템은 플랜트의 종류에 상관없이 비슷하다.

그 구성을 살펴보면, 우선 대기의 공기를 흡입한 후 압축기를 활용하여 5~10bar 정도로 압축한다. 공기 중에는 눈에 보이지 않는 수분이 많이 포함되어 있는데, 압축을 하면 기체였던 수분의 일부가 액체가 되므로 다음 단계에서 액체를 제거하기 위해 분리기를 거친다. 이렇게 액체를 제거하더라도 여전히 공기 중에는 수분이 기체 상태로 포함되어 있는데, 이를 보다 완벽하게 제거하려면 공기 건조기Dryer를 거쳐야 한다.

공기 건조기는 일상생활에서 흔히 볼 수 있는 실리카겔 같은 흡착제 물질에 공기를 통과시켜서 공기 속 수분을 극건조 상태로 만들어준다. 이때 연속적으로 활용하기 위해, 어느 정도 물로 포화상태가 되면 열을 가해 고온의 건조한 공기로 물질 내의 물을 날려 보내는 재생 과정을 거친다.

쉽게 말해 우리가 흔히 먹는 김에 함께 들어 있는 방습제는 일회용이지만, 이 시스템에서 열을 가해 재생하는 과정을 통해 재활용하는 것을 의미한다.

여기서 잠깐, 가정에서 활용하는 건조기는 특정 물질을 활용하지 않고 대부분 공기를 응축시켜서 내부에 있는 수분을 액체로 만든다.

여하튼 플랜트의 공기 건조 시스템으로부터 연속적으로 공기가 생산되어야 하므로 물을 흡착하는 장치인 흡착탑은 보통 병렬로 설치되며, 하나가 공기를 건조시킬 때 다른 하나는 이미 흡착된 물을 날려 보내는 재생 과정을 거친다. 그렇게 건조해진 공기가 생산되면 비로소 플랜트의 곳곳에 공급하여 활용한다. 플랜트의 공정 시스템은 목적에 따라 천차만별이지만, 이와 같은 자동 밸브를 활용하기 위한 공기 공급 시스템은 서술한 바와 같이 비슷하게 구성되어 있다.

냉각수의 경우도 비슷하다. 육상 플랜트에서는 공기, 해상 플랜트에서는 바닷물을 활용하여, 순환하는 냉각수를 차갑게 만든다. 공정에 냉각수를 공급하여 대상 유체를 식히면 결국 냉각수가 다시 열을 받아 온도가 올라가므로 이를 냉각하는 것이다. 육상이냐 해상이냐에 따라 냉각수를 식히는 매체는 다르지만 시스템의 구성과 원리는 비슷하다.

이렇듯 유틸리티 시스템은 플랜트의 종류와 관계없이 비슷한 경우가 많으며, 공정 시스템을 보조하는 역할을 한다.

안전 시스템 플랜트를 보호하라

공정과 유틸리티 시스템과 더불어 플랜트에 반드시 필요한 것은 안전 시스템이다. 안전 시스템으로는 공정 내 기체를 안전하게 배출하는 플레어와 벤트 시스템, 액체를 적절하게 처리하여 배출하는 드레인 시스템, 공정 시스템 자체의 안전 운전을 위한 각종 제어 시스템 등이 있다.

우리가 공장을 떠올리면 흔히 굴뚝에서 화염이 빨갛게 타오르는 모습을 상상하곤 한다. 보통 바다 위에서 화염을 내뿜는 플랜트를 떠올리면 이해하기 쉽다. 이렇게 플랜트에서 뭔가 타오르는 것은 공정이 정상 상황이 아니라는 의미다. (여기서 잠깐, 발전소에서 뿜어져 나오는 흰 연기는 연료를 태워서 전기를 생산한 후 배출하는 배기가스와 수증기가 섞인 것이며, 플레어와는 다르다. 가정에서 가스보일러를 켤 때 나오는 수증기 가스와 같은 것인데, 이는 정상적인 상황이다.)

플레어 시스템처럼 공정 시스템뿐만 아니라 안전을 위한 시스템이 함께 구비되어야만 비로소 플랜트를 정상적으로 운영할 수 있다.

플레어 시스템은 앞서 이야기한 것과 같이 주로 가스 상태의 물질을 배출하면서 태우는 역할을 한다. 플랜트를 운영하다 보면 생산되는 제품의 사양이 적절하지 않아 배출해야 하는 경우도 있고, 비상 상황에서 내부에 있는 물질을 배출해야 할 때도 있다. 이때 플레어 시스템을 사용하며, 주요 공정 장치는 대부분 플레어 시스템과 연결되어 있다.

각 장치와 연결된 플레어 배관은 하나하나 뭉쳐서 하나 혹은 두 개의 무척 큰 배관에 모이고, 이 배관은 결국 플레어 드럼이라는 장치로 이어진다.

용기 형태의 플레어 드럼은 기체와 액체를 분리하는 역할을 한다. 가스가 방출될 때 함께 배출되는 액체도 있기 마련인데, 가스를 태우기 전에 이들을 분리하기 위해 설치해야 한다. 만약 액체와 가스가 함께 섞인 물질을 태운다면 제대로 연소되지 않을 수 있고, 경우에 따라선 불이 붙은 액체가 배출구에서 떨어져 플랜트에 악영향을 끼칠 수 있다. 그렇지만 플레어 드럼을 거치면 비로소 대부분의 액체가 분리되어 플레어 스택에서는 가스만 방출된다.

플레어 스택은 굴뚝과 같은 역할을 한다. 물질을 대기로 방출하기 직전에 항상 살아 있는 불꽃 때문에 가스가 불타오를 수 있다. 만약 타기 전에 가스가 계속 방출된다면 다른 점화원에 의해 불이 붙고 플랜트에

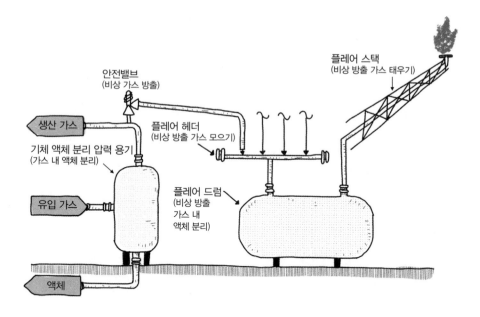

그림 16 플레어 시스템

공정 시스템으로부터 방출되는 가스는 우선 플레어 헤더에 모이고, 플레어 드럼에서 액체가 분리된 후 플레어 스택을 통해 불타면서 방출된다.

또 다른 피해를 입힐 수 있기 때문에 반드시 태워서 방출해야 한다.

플레어 시스템은 이렇게 비정상인 상황이나 비상 상황에서 가스를 태워버림으로써 플랜트의 과압, 그리고 외부 화재 등으로 인한 폭발 피해를 최소화할 수 있다. 만약 배출되는 가스가 많지 않거나, 그대로 배출해도 환경 기준치에 문제가 없다면 태우지 않고 배출만 하는 벤트 시스템도 적용할 수 있다.

플레어와 벤트 시스템이 가스를 배출하는 역할을 한다면, 드레인 시스템은 플랜트에서 버려지는 각종 액체를 모아서 처리하는 기능을 한다. 플랜트를 운전하다 보면 여러 장치에서 떨어지는 각종 불순물, 오일 성분, 그리고 비가 오는 경우 장치의 오염물이 씻겨 내려가면서 오염수가 발생한다.

드레인 시스템은 이러한 액체들을 적절하게 모은다. 이 시스템은 종류가 두 가지 정도다. 장치 내부의 오일 등 공정 과정에서 나오는 액체를 버려야 할 때 활용하는 드레인 시스템, 비 혹은 세척 등으로 인해 발생하는 폐수를 처리하는 드레인 시스템 등이다. 전자는 대부분의 성분이 공정 폐수이기 때문에 매우 엄격하게 처리해야 한다. 쏟아져 나오는 물과 오일 성분을 분리하는 용기를 통해 오일 성분은 다시 공정으로 보내고 물은 재처리하는 식으로 관리한다. 이때 물은 대부분의 성분이 크게 문제없을 수도 있지만 오일 성분이 포함되었을 가능성이 있으므로 앞의 드레인 시스템보다 좀 더 간소한 방식으로 처리한다. 각 드레인 시스템이 취급하는 주 물질은 다르기 때문에, 예측되는 양에 따라 용기와 시스템의 크기를 다르게 정한다.

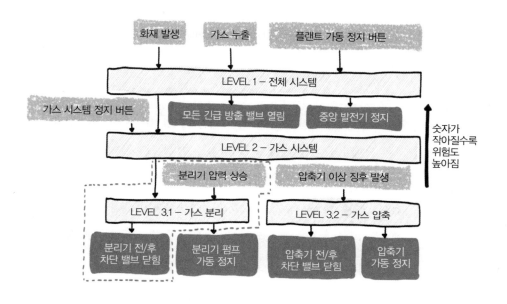

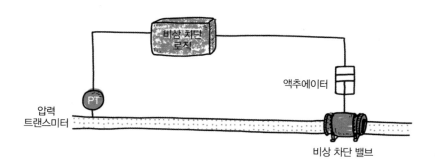

그림 17 비상 차단 시스템

LEVEL 상자를 기준으로 위의 상자는 원인, 아래의 상자는 결과(조치 사항)를 가리킨다. 예컨대 압력이 비정상적으로 높아지면 비상 차단 시스템의 논리 Logic에 따라 관련 밸브가 차단되어 더 이상 압력이 높아지지 않도록 조치한다.

지금까지 가스 혹은 액체 상태의 물질을 처리하는 시스템을 살펴보았다. 한편으로 안전과 관련하여 상황에 따라 각종 장치를 제어하고 정지하기 위해서는 비상 차단 시스템이 필요하다. 이 시스템은 물질을 다루는 것이 아니라 컴퓨터 제어 로직으로 구성된 안전 관련 시스템이다.

눈으로 보이지 않아 잘 와닿지 않는 비상 차단 시스템의 구성과 작동 원리를 살펴보자. 가스와 액체가 섞여 있는 혼합물을 분리하여 가스는 위로 보내고 액체는 밑으로 보내는 시스템이 있다고 가정해보자. 평소에는 컴퓨터가 올바르게 제어해서 문제가 없겠지만 만약 가스가 분리되어 나가는 쪽에 문제가 발생하고 막혀서 더 이상 흘러갈 수 없는 상황이 발생했다고 가정하면, 가스가 더 이상 배출될 수 없으므로 분리기의 압력이 점점 높아지는 문제가 발생할 것이다. 이때 플레어 시스템으로 연결된 제어 밸브가 정상적으로 작동한다면 가스는 배출되어 탈 것이다. 그렇지만 유입되는 양이 너무 많고 그에 비해 플레어 시스템으로 보내지는 양에 한계가 있다면 압력이 계속 올라갈 것이다. 그럼 시스템 내에 설치되어 있는 압력 트랜스미터가 높은 압력을 감지하고 비상 차단 시스템에 신호를 주어, 혼합물이 들어오는 쪽의 비상 차단 밸브를 차단한다. 이러한 역할을 하는 것이 비상 차단 시스템이다.

플랜트를 설계할 때 어떤 문제의 원인과 그 결과를 미리 알고 대비하면 비상 상황이 발생한 경우 비상 차단 시스템이 작동하게 할 수 있다. 플랜트에서는 공정의 이익을 극대화하는 일도 중요하지만, 혹시라도 발생할 수 있는 비상 상황에 대처하는 일이 더욱 중요하기 때문에 비상 차단 시스템에는 매우 복잡한 논리가 적용된다.

지금까지 플랜트의 주요 장치와 구성품, 그리고 그들이 이루는 플랜트 시스템을 살펴보았다. 그리고 시스템 중에서도 우리가 원하는 제품을 생산하는 공정 시스템, 이를 보조하는 유틸리티 시스템과 플랜트의 안전을 책임지는 안전 시스템에 대해 알아보았다.

플랜트를 구성하는 요소는 무수히 많으며, 이러한 요소들이 모여 각 시스템을 이루고 궁극적으로는 원료나 에너지를 활용하여 우리가 원하는 또 다른 형태의 에너지나 제품을 생산하는 거대한 플랜트를 이룬다.

우리 인간 사회와 비슷하다고 볼 수 있다. 예컨대 한 회사가 있다고 가정해보자. 회사에는 종업원이 있고 이 종업원들이 모여서 만든 특정 부서가 있다. 이 특정 부서는 각기 맡은 역할을 하면서 회사의 목적을 달성하기 위해 노력한다. 각 구성원과 부서가 맡은 임무를 충실히 하면 그 회사가 번창할 수 있듯이, 플랜트도 각 구성품과 시스템이 제 역할을 제대로 하면 우리가 원하는 플랜트의 목적을 달성할 수 있다.

그렇다면, 거대한 플랜트는 과연 어떻게 설계하고 제작하여 운영해야 할까? 비싼 장치와 구성품을 구매해서 플랜트를 지었지만 각각 제대로 된 기능을 하지 못한다면 목적을 달성할 수 없을 것이다. 또한 플랜트를 잘 지었다고 해도 제대로 운영하지 못한다면 이익을 창출할 수 없을 것이다.

이렇듯 플랜트를 구성하는 요소는 모두 중요하며, 이들이 각각 제 역할을 충실히 해야 한다. 제 기능을 오롯이 해내는 플랜트를 설계하고 짓는 방법은 다음 장에서 알아보자.

**Q. 점점 심각해지는 지구온난화와 환경오염이 플랜트 때문이라는데,
플랜트를 완전히 없앨 수는 없을까요?**

플랜트가 굴뚝에서 오염 물질을 내뿜고 폐수를 방류하여 환경을 오염시
키는 주범이라는 이야기가 많습니다. 그렇지만, 우리 일상생활에서 사
용하는 것 중 대부분이 플랜트와 연관되어 있다는 사실을 알아야 합니
다. 우리가 입는 옷부터 먹는 것, 그리고 집에 이르기까지 가장 기본적
인 의식주가 플랜트와 밀접한 연관이 있습니다. 세계의 모든 플랜트가
당장 가동을 멈춘다면 어떻게 될까요? 그로 인한 불편과 혼란은 말로 설
명할 수 없을 것입니다.

한편으로는 환경오염을 막기 위해 기존의 플랜트를 개선할 필요가
있습니다. 발전의 경우 풍력과 태양광 에너지와 같은 재생에너지 활용,
화학물질의 경우 폐비닐과 폐플라스틱을 재활용하는 것과 같은 재활용
기술, 이산화탄소를 뿜어대는 굴뚝에 설치되는 이산화탄소 포집 공정
등입니다. 인류의 관심이 그동안 물질적 편의와 급격한 경제성장에 집

중되었다면, 이제는 지속가능한 발전을 위하여 다양한 개선책을 적용해야 할 것입니다.

Q. 플랜트 분야의 진로를 생각하고 있습니다. 대학 시절에 무엇을 습득하고 경험해야 할까요?

플랜트 분야에서 일하기로 생각했다면, 배우는 전공 과목이 과연 어떻게 플랜트에 적용될지를 고민하는 것이 중요합니다. 일반적으로 많은 학생이 좋은 학점을 얻기 위해서 과거부터 내려오던 시험 족보를 암기하거나 시험에 나오는 사항만을 학습하는 경우가 많고, 원리는 정작 모르는 경우가 많습니다. 해당 과목을 왜 배우는지부터 깨닫는다면 좀 더 효율적으로 학습할 수 있을 것입니다. 또한 나중에 회사 면접을 보거나 취직 후 업무를 수행할 때 남보다 더 빠르게 이해하고 적용할 수 있을 것입니다.

대학 시절에 할 수 있는 인턴 경험도 도움이 될 수 있습니다. 플랜트 관련 기업이나 연구소에서 인턴을 구할 때 적극적으로 지원하여 체험하면 앞으로 나아갈 방향이 더욱 명확해질 수 있습니다.

Q. 현재 해양 플랜트 분야에서 일하고 있습니다. 그러나 유가 폭락으로 경기가 좋지 않아 일감도 없고, 이직을 해야 할지 고민입니다.

──────

플랜트의 종류는 무척 많지만 사실 각 플랜트에 활용되는 요소 기술은 대동소이하다고 할 수 있습니다. 이는 특정 분야에서 전문가가 되면 다른 분야에서도 충분히 능력을 펼쳐 보일 수 있다는 의미입니다. 해양 플랜트 분야의 공정 설계 전문가라면 석유화학, 환경, 반도체 등 다른 분야에서도 본인의 능력을 펼칠 수 있습니다. 다만 본인이 해당 분야의 전문가가 되기 위해 얼마나 노력했느냐가 중요합니다. 플랜트 분야에 종사하면 평생 공부해야 합니다. 본인의 지식과 실력을 키운다면 다른 분야에서도 충분히 능력을 인정받을 수 있습니다.

Q. 플랜트나 공장을 보면 흔히 굴뚝이 불을 뿜는 장면이 많이 등장합니다. 이것은 무엇인가요?

──────

영화나 TV를 보면 바다에서 플랜트가 불을 뿜는 장면이 종종 등장합니다. 울산이나 여수 같은 공업 도시를 가도 공장 굴뚝에서 화염이 타오르는 경우가 종종 있는데요. 이는 플랜트 공정에서 가연성 가스에 불이 붙어서 타는 모습입니다. 플랜트에서 가연성 가스가 배출되는 이유는 여러 가지입니다. 대표적인 예는 비상 상황이 생겨서 불에 탈 수 있는 가스를 배출해야 하는 경우입니다. 가스를 태우지 않고 방출하면 그 주변에 퍼져서 다른 점화원 때문에 타거나 폭발할 수도 있습니다. 이러한 피해를 막기 위해 굴뚝에서 점화하여 태우는 것입니다. 이러한 상황은 말그대로 비상 또는 비정상적이기 때문에 지속되지는 않습니다. 해당 물질들은 배기가스 배출 법령에 맞게 태워서 배출하므로 크게 걱정할 필요는 없습니다. 불이 타오르는 대신 하얀 연기를 많이 뿜어내는 경우도 있는데요. 대표적으로는 화력발전소가 있습니다. 화력발전소에서 뿜어내는 하얀 연기는 대부분 수증기와 이산화탄소, 질소 등입니다. 이 또한 법령에서 정하는 기준에 따라 유해물질을 처리한 상태로 배출하므로 크게 걱정하지 않아도 됩니다.

Q. 플랜트에서 근무하면 위험하지 않나요?

———

플랜트 분야에서 가장 우선시하는 것은 바로 안전입니다. 사고가 발생하면 인명피해가 생길 수도 있을 뿐만 아니라 설비도 정지하므로 제품 생산이 중단됩니다. 이로 인한 피해는 무척 극심합니다. 그러므로 안전사고가 발생하지 않도록 안전 관련 시스템과 조치를 겹겹이 적용합니다. 가장 먼저 사람의 실수로 인한 안전 문제가 발생하지 않도록 매일 플랜트를 운전하기 전에 안전 교육을 실시하며, 또한 주기적으로 다양한 안전 교육을 실시합니다. 계속 비슷한 교육을 하면 어느 순간 익숙해져서 안전에 소홀할 수도 있기 때문에 다양한 시청각적, 체험형 교육을 합니다.

또한 플랜트에는 다양한 안전 설비와 시스템이 구축되어 있습니다. 압력이나 온도가 비정상적으로 올라가면 이를 탐지하는 계기, 그리고 그에 따라 원료나 열을 차단하는 등 시스템에 조치를 취하는 시스템이 구축되어 있습니다. 그러한 시스템은 컴퓨터로 작동하므로 간혹 오작동할 수도 있습니다. 이에 대한 대비책으로 물리적 방호 장치도 설치되어 있습니다. 가연성 물질을 다루는 장치에 화재가 발생하면 온도가 올라감에 따라 압력도 증가해서 장치가 폭발할 수도 있는데, 이때 과도한 압력을 해소시켜주는 안전밸브 등이 설치되어 있습니다. 화재가 발생하면 물질을 빠르게 배출해주는 플레어 시스템도 갖추어져 있습니다.

모든 플랜트에는 공정 시스템을 자동으로 차단하거나 멈추는 고도의 안전 시스템이 갖추어져 있습니다. 빠르게 사람을 대비시킬 수 있도록 관련 비상 상황 알람이나 조치 절차도 마련되어 있습니다. 물론 플랜트에서도 인명 사고가 발생할 수 있겠지만, 그 확률은 교통사고보다 적습니다.

2장

플랜트 엔지니어링은 무엇인가

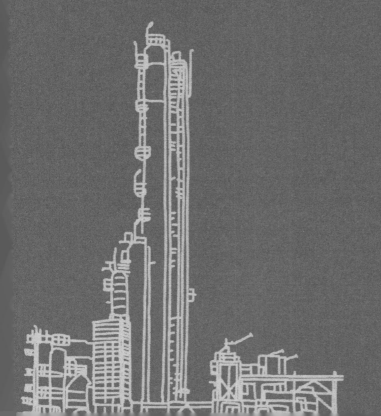

플랜트를 만드는 플랜트 프로젝트

엔지니어링. 많이 접하지만 의미와 뜻을 제대로 설명하기가 상당히 어려운 용어다. 엔지니어링의 일반적인 의미를 살펴보면 여러 과학적 원리, 그리고 지식과 경험을 활용하여 유용하면서 이로운 제품이나 서비스 등을 창출하는 학문을 의미하며, 한글로 번역하면 '공학'이라고 한다.

여기서 중요한 부분은 바로 '유용하면서 이로운'이다. 일반적인 자연과학은 주로 어떠한 현상이나 원리에 대한 궁금증을 해소하고 규명하려 한다. 공학은 자연과학 분야에서 발견하고 규명한 원리를 기반으로 현실적으로 유용하고 이로운 무언가를 만들어내는 데 초점을 둔다. 그렇기 때문에 공학에서는 효용성이나 경제성이 중요하다. 또한 과학 원리를 활용하는 과정에서 안전이나 보안 문제가 발생하지 않도록 고려해야 한다.

구체적인 공학 분야로는 기계, 전기전자, 화학, 생명 등이 있다. 이러한 학문이 발전한 덕택에 현재 인류는 과거보다 풍요로운 삶을 영위하고 있다.

일반적인 엔지니어링이라는 용어의 뜻이 그렇다면, 플랜트 분야의 엔지니어링은 무엇을 의미할까? 플랜트 분야의 엔지니어링을 정의하면 프로젝트 같은 과제를 해결하기 위해 과학기술 지식과 경험을 활용하여 플랜트 장치, 시설물 등에 관한 사업과 설비에 대한 사전 조사와 같은 기획, 단계별 설계, 구매, 조달, 제작과 설치, 시공, 시험과 조사, 감리, 시운전, 지도, 유지보수 등의 업무 일부나 전부를 수행하는 것이다.

프로젝트의 일반적인 의미를 살펴보면 주어진 한정적인 기간에 인력과 자금을 투입하여 목적을 완수하는 것을 의미한다. 플랜트 프로젝트 또한 그렇게 주어진 기간 내에 인력과 자금을 활용하여 거대한 공장을 짓는 일이다. 이 일은 오랫동안 진행되고 막대한 자금이 투입될 뿐만 아니라 수많은 관계자가 참여하기 때문에 체계적인 과정을 거쳐야 한다.

플랜트 프로젝트의 시작은 과연 그렇게 공장을 지었을 때 이익을 창출할 수 있느냐부터 검토하는 것이다. 어떠한 물건을 생산하는 공장을 지으려면 초기 시장 조사와 경제성 평가 같은 기획을 거쳐 프로젝트의 시작 여부를 결정해야 한다는 뜻이다.

상세히 검토한 결과, 플랜트를 지었을 때 사업성이 우수하다고 판단되면 간략한 스케치를 그리는 개념 설계를 하고, 또한 플랜트를 짓는 데 들어가는 비용 등을 산정하기 위해 구성 장치들을 선정하고 배치하는 기본 설계를 한다. 기본 설계를 통해, 플랜트를 건설하여 운영할 때 소요되는 자금 대비 추후 수익을 창출할 수 있다고 판단되면 비로소 플랜트를 짓자고 결정한다.

그렇게 플랜트 프로젝트에 대해 확신이 들면 플랜트를 정확하게 설계하고 건설해줄 업체를 찾아야 할 것이다. 이에 따라 기본 설계를 마친 발주처는 플랜트를 설계하고 지어줄 EPC 업체를 찾으며 해당 국가 내 혹은 전 세계의 후보 업체에 입찰 서류를 배포한다.

입찰 공고가 나면 각 건설사 혹은 엔지니어링 회사는 각자 입찰 설계를 진행한다. 이 과정을 통해 발주처가 요구하는 성능을 만족하는 플랜트를 짓기 위해 필요한 주요 사항을 검토하고 설계한 후 가격을 결정하고 입찰한다. 이러한 경쟁적인 입찰 단계를 거쳐 가격이나 능력 측면을 모두 만족시킨 업체가 결국 플랜트 프로젝트를 수주하게 된다. 실제로 구체적인 플랜트를 설계하고 짓는 엔지니어링 회사나 건설회사 같은 계약자는 장치나 설비의 크기와 수량을 정확히 따져보는 상세 설계를 후속으로 진행한다.

이제는 플랜트에 들어가는 여러 장치와 배관을 구매해야 하는데, 설계가 모두 끝난 후에 진행하면 비용이 커지고 시간에 쫓기는 문제가 생기기 때문에 설계를 진행하면서 구매를 위한 여러 절차를 동시에 수행한다.

플랜트에 설치되는 구성품은 대형 발전기부터 작은 파이프나 밸브까지 다양하다. 이 모두가 중요하므로 구매할 때 꼼꼼하게 판매자의 기술적 능력이나 실적을 검토한다.

그렇게 엄격한 절차를 거쳐서 각 구성품을 공급하는 판매자를 결정하면 준비한 설계 문서나 도면을 기반으로 장치를 제작하고 입고하는 조달 과정을 거치며, 이를 통해 플랜트를 건설하여 완성한다.

여러 가지 다양한 구성품이 플랜트를 짓는 지역에 도착하면 이들을 조립하고 때로는 자르고 수정하면서 설치하는 한편, 설계한 대로 건설하고 있는지, 그리고 공장을 원활하게 운영할 수 있을지를 면밀하게 시험하고 조사하는 등의 절차를 거친다.

아울러 공장을 본격적으로 가동하기 전에 각종 장치 하나하나를 시운전한다. 이 절차가 모두 완료되면 정상적으로 원하는 제품을 생산해낼 수 있다.

플랜트가 정상적으로 운전되더라도 여기서 그치는 것이 아니라, 제대로 동작하지 않거나 노후화한 설비를 교체 혹은 수리하는 주기적인 유지 보수 작업을 계속해야 한다. 더 나아가서는 제품 생산 비용을 절감하고, 기존 설비로 생산량을 극대화할 개선 방향 또한 모색해야 한다.

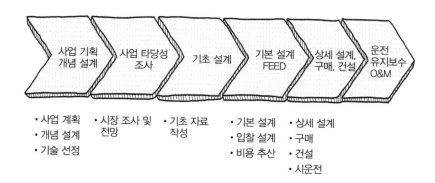

그림 18 플랜트 엔지니어링 순서도
플랜트는 초기 사업 기획과 개념 설계를 시작으로 사업 타당성을 조사한 후 설계, 구매 과정을 거쳐 건설된다.

요약하면 플랜트 엔지니어링의 핵심은 설계, 구매 그리고 건설이라고 할 수 있다. 앞서 언급한 대로 EPC 전 단계에서 여러 타당성을 조사하고 기획과 입찰, 견적 조사를 한다. 이후 플랜트를 본격적으로 설계하고 건설하는 단계를 거쳐 성공적으로 플랜트를 만들면 공장 운전과 유지보수 같은 업무를 진행한다. 본 장에서는 이러한 일련의 과정을 설명한다.

플랜트 프로젝트는 어떻게 준비하나

드넓은 바다나 산업단지에 세워져 있는 플랜트. 높은 굴뚝에서는 모락 모락 연기가 피어오르고, 땅 위의 복잡한 배관에서는 여러 물질과 공기 가 쉴 새 없이 이동하는 모습은 산업사회의 위용을 보여준다. 앞에서도 언급했듯이 플랜트를 짓는 데는 막대한 비용과 시간, 인력이 필요하다. 그러므로 반드시 일정한 절차를 통해 차근차근 계획을 세우고 지어야 한다.

타당성을 조사하고 기획한다

타당성 조사와 기획은 플랜트 사업에 대한 아이디어가 나왔을 때 사업화를 구체적으로 결정하기 위해 거쳐야 하는 중요한 단계다. 이 단 계에는, 플랜트를 건설하여 운영할 때 이익을 낼 수 있을지, 다양한 외부 환경 변화에 따라 이익률이 어떻게 변화할지를 검토한다. 환경 플랜트나 발전 플랜트 등은 이익을 목적으로 하기보다는 공공성이나 각종 정책, 규제를 감안해서 건설하는 경우도 많지만 일반적으로 자본주의 사회에서 플랜트의 사업 주체는 수익을 창출하기 위한 사업의 일환으로 플랜트를 건설하고 운영한다.

타당성을 조사할 때는 기술, 대내외 환경, 그리고 경제적 측면을 검토한다. 이 요소들은 모두 연결되어 있으므로 상황에 따라 종합적으로 검토한다.

각 측면의 주요 사항을 살펴보면, 우선 기술적 측면의 타당성을 조사할 때는 적용하고자 하는 기술이 과연 원하는 제품 등을 생산하는 플랜트에 적합한지를 파악한다. 플랜트에서 제조하려는 제품에 적용하는 기술은 다양할 수 있다. 기술은 나름의 장단점이 있으며 이에 따라 수익성이 크게 좌우될 수도 있다. 예를 들어보자. 천연가스 생산 플랜트는 천연가스를 생산하고 이를 처리하여 가정이나 발전소에 공급한다. 이때 가스에 포함되어 있는, 분자량이 크고 상대적으로 무거운 물질(프로판, 부탄)은 적절히 포함시키고 수분은 최대한 제거해야 제대로 연료로 활용할 수 있다. 만약 분자량이 큰 물질이 너무 많이 혼합되면 도시가스를 태울 때 연소 성능에 이상이 생길 수도 있기 때문이다. 수분이 많이 포함되면 발열 성능을 제대로 발휘하지 못할 수도 있다.

이때 액체를 제거하는 기술은 크게 두 가지다. 첫 번째 방법은 화학 물질을 활용하여 제거하는 기술, 두 번째 방법은 가스의 온도를 낮춰서 액화시켜 제거하는 기술이다.

첫 번째 방법에서 활용되는 화학물질은 트리에틸렌글리콜TEG 이라는 물질인데, 이 물질과 가스를 접촉시키면 가스에 있는 무거운 물질과 수분을 깔끔하게 제거할 수 있다. 그렇지만 화학물질을 한 번 활용하고 버릴 수는 없으니 이를 재생탑이라는 장치에 보내 열을 가하고 끓여서 무거운 물질이나 수분을 제거하여 재활용한다. 이 장치는 부피가 커서 공간을 많이 차지할 수 있다.

두 번째 방법은 줄-톰슨 원리를 활용하여 분리하는 방법으로, 첫 번째 방법에 비해 장치가 차지하는 공간이 적고 화학물질도 적게 사용한다. 그렇지만 줄-톰슨 원리를 적용하면 가스의 압력이 낮아져서 이를 다시 높여줘야 하는 것이 단점이다.

첫 번째 방법과 두 번째 방법을 비교하면 어느 쪽이 무조건 좋다고 할 수 없다. 상황에 따라 달라지기 때문이다. 육상 플랜트처럼 공간이 많이 확보되는 곳에서는 첫 번째 방법이 좋을 수 있다. 압력을 다시 높여야 하는 일이 없기 때문이다. 해양 플랜트는 공간이 협소하므로, 공간을 많이 차지하지 않는 두 번째 방법이 더 좋을 수 있다.

또 다른 예를 들어 이산화탄소를 흡수하여 선택적으로 제거하는 플랜트가 있다고 하자. 발전 플랜트나 석유화학 플랜트는 연료를 활용하고 난 후 대량의 배기가스를 배출하는데, 이산화탄소가 포함되어 있으므로 지구온난화 같은 심각한 문제의 원인이 된다.

그래서 최근에는 이산화탄소를 제거하는 기술이 많이 개발되고 점차 적용되고 있다. 여기서 중요한 기술은 바로 이산화탄소를 흡수하는 용액이다. 전 세계적으로 기술이 많이 개발되어 다양한 흡수 용액이 쓰이는데, 어떠한 흡수 용액을 선택하여 활용하느냐에 따라 플랜트의 경제성이 크게 달라질 수 있다.

즉, 해당 플랜트를 건설하고 운영하는 비용이 천차만별일 수 있다는 이야기다. 예컨대 흡수제 A를 활용하면 흡수가 잘되는 대신 재활용을 하기 위한 재생 열에너지 소모가 많고, 흡수제 B를 활용하면 흡수가 더딘 대신에 재생 열에너지가 적게 들어간다는 경우를 들 수 있다. 뿐만 아니라 흡수제 A의 경우 플랜트 장치의 크기가 흡수제 B보다 작을 수 있어 플랜트를 건설하는 비용이 적게 들 수 있다.

그렇지만 흡수제 A는 재생을 위한 열에너지가 많이 소모되고, 이를 수십 년 동안 운전하는 공장에 적용하면 투입되는 에너지 비용이 많아져서 결국에는 장치 비용을 뛰어넘을 수 있으므로 수익 측면에서는 더 불리할 수도 있다. 즉, 어떤 기술을 적용하느냐에 따라 경제성이 달라지고 사업자의 수익을 결정하므로 타당성 조사 단계에 면밀하게 검토하고 선정해야 한다.

이렇게 여러 가지 기술을 검토하여 플랜트의 콘셉트^{Concept}를 정하는 단계를 개념 설계라고도 한다. 이때 개략적인 플랜트 장치의 구성, 배치, 생산 용량 등을 결정한다.

경제성과 미래의 변화도 생각한다

대내외 환경적 측면에 대한 검토는 주로 시장성과 대내외 정책 상황에 대한 검토를 의미한다. 시장성을 검토할 때는 과거의 자료와 현재 상황, 그리고 예측되는 미래 상황을 종합적으로 고려해야 한다. 현재 어떤 제품의 수요가 높아서 가격이 치솟더라도, 추후 다른 나라에서 해당 제품을 저가로 대량생산하거나 대체할 만한 새로운 저가 제품이 나온다면 플랜트를 건설하고 가동할 때쯤 제품 가격이 급락하거나 팔리지 않아서 극심한 손해를 볼 수도 있다. 국내 모 화학회사의 경우 2020년 코로나19가 창궐함에 따라 의료용 장갑에 쓰이는 라텍스의 수요가 폭발적으로 늘어서 예상치 못하게 이익이 커졌다. 반대로 원유 가격이 폭락하여 정유사의 손실이 막대해지기도 했다. 이렇듯 시장성을 검토할 때는 종합적인 상황을 고려하면서 동시에 불확실성에 어떻게 대처해야 하는지까지 고려해야 한다.

시장성뿐만 아니라 대내외 정책 상황도 중요한데, 정부 규제나 관세의 변화에 따라 수익성이 크게 변할 수도 있기 때문이다. 일례로 시멘트 회사에서 앞으로 건설 경기가 좋아지리라 예상하고 공장을 증설했지만, 온실가스 배출에 대한 규제가 엄격해지는 경우 막대하게 뿜어대는 온실가스 때문에 높은 벌금을 지출해야 할 수도 있다.

경제성 측면에 대한 검토는 플랜트를 지을 때 어느 정도의 자본비가 소요되는지 가늠하고, 건설 후 필요한 운영비를 산정하여 얼마나 이익을 볼 수 있는지를 따져보는 것이다.

자본비는 플랜트를 짓는 데 소요되는 비용인데, EPC를 수행하는 회사에서 소요하는 비용으로 볼 수 있다. 자본비가 얼마나 드는지를 정확히 알려면 관련 업체로부터 견적을 받아서 추산하는 것이 제일 좋다. 그러나 아직 제대로 된 설계도 하지 않은 경제성 검토 단계에서는 그렇게까지 자세하게 파악할 수 없기 때문에 비용을 대략적으로 추산한다. 비슷한 플랜트를 짓는 데 소요된 비용을 참조하는 등 과거의 자료로부터 비용을 추산하는데, 그만큼 실제 비용과 오차가 클 수밖에 없으므로 이를 반영하여 보다 많은 비용을 산정하곤 한다.

운영비는 플랜트를 운전하는 데 드는 비용이다. 여기에는 인건비, 그리고 공장을 운영하면서 소요되는 원료나 에너지의 비용이 포함된다. 인건비는 물가상승률을 고려하고 플랜트의 규모에 따라 추산하며, 원료나 에너지 비용은 개념 설계를 해서 추산하곤 한다. 특히 에너지 비용은 전기나 증기 등에 관한 비용이 대부분이므로 제품을 얼마나 생산하는지에 따라 추산할 수 있다. 참고로 증기는 일반적인 물에 비해 열에너지를 많이 보유할 수 있고 효율이 좋기 때문에 많이 활용된다. 연료를 태워 발생하는 열을 통해 물을 증기로 만든 후 이를 열교환기 등에 활용한다.

이렇게 자본비와 운영비를 추산하고, 플랜트의 예상 가동 기간을 고려하면 연간 벌어들일 수익을 추산할 수 있다. 이것이 바로 경제성 분석이며, 사실상 플랜트 프로젝트를 진행하느냐 마느냐를 결정짓는 가장 중요한 사항이다. 경제성은 다양한 변수를 고려하여 분석한다. 특히 원료 가격이나 여러 대내외 환경의 변동에 따라 플랜트의 수익성이 어떻게 변화하는지 확인하는 등의 민감도 분석을 반드시 해야 한다.

경제성 분석의 일환인 민감도 분석은 다양하고 불확실한 상황에 대한 경제성을 확인하는 일이다. 예를 들어 만약 나중에 원료 가격이 높아지면 그만큼 계획했던 것에 비해 수익성이 악화될 수 있기 때문에 대안을 고려해야 한다. 최악의 경우에는 프로젝트를 포기해야 할 것이다. 매우 엄격한 기준과 변수를 고려하기 때문에 많은 플랜트 프로젝트가 경제성 분석 단계를 거친 후 취소된다.

위와 같이 기술적, 환경적, 경제적 측면에서 타당성을 조사하여 발주처가 최종적으로 플랜트 프로젝트를 진행하기로 결정하면 비로소 상세한 기본 설계를 진행한다.

기본 설계 단계에는 플랜트에 적용할 주요 기술이 어느 정도 확정된 상태이므로 이를 기반으로 좀 더 세부적으로 설계한다. 이 기본 설계를 보통 FEED Front end engineering design 설계라고 하는데, 플랜트 프로젝트의 자본비를 포함한 초기 비용을 도출하는 데 중요하다.

이 단계는 프로젝트의 발주자가 엔지니어링 회사에 의뢰해서 진행하는 경우가 많다. 발주자는 이 단계를 거쳐 나온 각종 도면을 포함한 FEED 설계 문서를 기반으로 플랜트를 지어줄 업체를 찾는 입찰을 진행한다.

견적과 입찰을 준비한다

타당성을 조사하고 FEED 설계를 완료한 발주자는 해당 플랜트를 지어줄 업체를 찾는 입찰을 전 세계에 진행한다. FEED 설계가 끝났으므로 발주자는 플랜트를 짓는 데 어느 정도 비용이 드는지 대략 알지만 이를 밝히지는 않고, 가장 경제적으로 저렴하게 프로젝트를 수행할 수 있는 업체를 경쟁 입찰로 찾는다.

발주자는 플랜트를 상세하게 설계하고 건설해줄 후보 EPC 업체에 ITB Invitation to Bid라는 입찰 초청장을 보낸다. 이때부터 EPC 업체는 ITB를 보고 도전할 만하다고 생각하면 상세하게 견적 업무를 진행한다. 자, 이전 단계에서는 발주자가 주도권을 쥐고 열심히 진행했다면 이제는 플

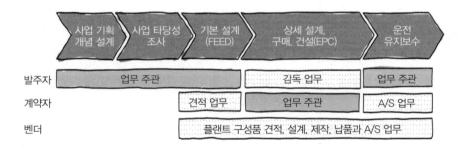

그림 19 각 단계의 주체별 주요 업무

발주자, 계약자, 벤더는 프로젝트의 각 단계에 각자 다른 역할을 한다. 일반적으로 발주자는 프로젝트 기획부터 기본 설계(FEED)까지, 그리고 건설과 시운전이 완료된 후 운전, 유지보수를 주관한다. 계약자는 상세 설계, 구매, 건설, 즉 EPC 단계를 주관하는 경우가 많다.(발주자가 상세 설계까지 한 후 구매와 건설만 계약자에게 의뢰하는 경우도 있다.)

랜트를 직접 설계하고 제작해줄 업체가 주도적으로 일을 진행해야 한다.

EPC 업체들은 이제 자신들이 보유한 견적 능력을 토대로 플랜트를 짓는 데 소요되는 비용을 추산하기 시작한다. 각자의 설계와 견적 전문가 인력을 활용하여 업무를 진행한다.

여기서 주목해야 할 점은 바로 업체들의 경쟁이다. FEED 설계를 통해 어느 정도 비용이 정해졌다고는 하지만 업체들은 개선점을 모색하여 동일하게 기능하면서 저렴하게 플랜트를 지을 방법을 찾고 이를 발주자에게 제안할 수 있다. 만약 발주자가 기존의 FEED 설계보다 나은 제안 사항을 수락한다면 그 업체는 보다 저렴하게 입찰 가격을 낼 수 있어 해당 프로젝트를 수주할 확률이 다른 업체보다 높아진다. 그렇지만 프로젝트의 견적과 입찰 업무를 하는 기간은 수개월 정도로 상당히 짧기 때문에 업체들은 한정된 기간 안에 견적 업무를 진행하느라 개선점을 찾기가 쉽지 않다. 수주를 위해서 견적 업무를 성급하게 진행하는 경우가 많고, 때로는 입찰 설계를 제대로 하지 않고 그저 입찰 가격을 낮추어 저가 입찰을 하는 경우도 많다.

회사의 경영진은 단기에 성과를 내야 하는 계약직인 경우가 많으므로 미래는 생각하지 않은 채 그저 수주를 위해 낮은 가격으로 입찰해버리기도 한다. 이때 당장은 손실이 드러나지 않지만, 수년간 프로젝트를 진행하는 동안 결국 업체가 책임져야 하는 경우가 많아 대규모 적자로 이어질 수도 있다. 그러므로 단기적이 아닌 장기적인 시각으로 판단해야 할 것이다.

발주자로부터 입찰 요청이 들어오면 계약자인 EPC 업체는 매우 바빠진다. 보통 EPC 업체는 다른 프로젝트 수행 때문에 바쁜 상황이지만, 이렇게 미래를 위한 프로젝트를 수주하기 위해 입찰 설계도 진행해야 한다.

입찰을 위한 노력은 영업 부서에서 주도적으로 하지만 설계 부서에서도 적극적으로 도와야 한다. 그렇지만 다른 프로젝트 때문에 정신없이 바쁜 경우가 많으므로 사실 입찰 설계에 많은 노력을 기울이기는 어렵다. 수개월 내에 발주자의 FEED 성과물을 면밀하게 분석해서 정확한 금액을 산정해야 하지만 여러 복합적인 업무로 바쁜 상황에서는 제대로 검토하기가 쉽지 않다. 만약 이 단계에서 중요한 점을 놓치고 견적 가격에 반영하지 못하면 저가 수주를 하게 된다. 그러면 차후 프로젝트 진행에 차질을 빚으면서 EPC 업체가 손실을 입게 된다. 그러므로 EPC 업체는 아무리 바쁘더라도 입찰 서류를 꼼꼼히 검토하고 입찰 가격을 산정해야 한다.

견적 작업이 시작되면 영업부가 주도하여 일사불란하게 업무를 진행한다. 프로젝트가 정식으로 시작되기 전이기 때문에 영업부가 주도하고, 설계 부서는 영업부의 지침에 따라 업무를 진행한다. 이처럼 영업 부서가 일을 주도하지만 설계 부서에 수주 후보 공사의 설계 측 리더인 엔지니어링 매니저가 지정되며, 각 설계 부서에서도 본 수주 후보 공사를 지원하는 엔지니어가 선정된다. 후보 프로젝트의 설계가 모두 끝난 상황*이고 제작만 하면 된다면 설계 담당자가 크게 신경 쓸 것이 없으

---

* 발주처가 기본 설계뿐만 아니라 상세 설계까지 완료하고 계약자에게는 구매와 제작만 요구하는 경우를 말한다. 이때 계약자는 구매Procurement와 건설Construction만 신경 쓰면 되므로 설계Engineering 측의 부담이 적다.

나, 설계부터 책임지고 진행해야 하는 프로젝트라면 설계 담당자의 책임감은 매우 크다.

발주자가 제공하는 FEED 설계 도면과 문서는 완성도가 높지 않은 경우가 많으며, 각 서류 간에 조건이 상충할 때도 있다. 예를 들어 사양서에는 어떤 설비를 설치해야 한다고 간단하게 언급되어 있으나 도면에는 반영되지 않은 경우가 있는데, 계약서에 사양서를 우선시해야 한다고 나와 있으면 이 설비를 설치해줘야 한다. 이렇게 상충되는 조건이 있으면 입찰 단계에서 찾아내어 관련 사항을 분명히 해야 한다. 꼼꼼하게 검토하지 않아 그대로 지나치는 경우가 많고, 결국 나중에 예상치 못한 작업이 추가되어 손실이 생길 때도 많으니 주의해야 한다.

각 설계 담당자는 영업부의 지침에 따라 각종 계약서 상의 문서와 도면을 샅샅이 검토하며, 서로 일치하지 않는 사항이 있으면 발주처에 확인을 요청할 수 있다. 이러한 확인 과정을 거쳐서 조건을 명확히 하면 추후에 분쟁이 일어날 소지도 줄어든다.

수개월간 이러한 과정을 거치면서 불명확한 사항을 해결하고, 주요 설비 구매 비용과 플랜트를 건설하는 데 소요되는 비용을 산출한다.

장치 구매 비용은 주요 후보 업체에 요청하여 받으며, 설비를 현장에서 조립하여 플랜트를 완성하는 데 필요한 인건비 같은 비용은 기존 공사 경험을 참조하여 추산한다.

이 단계에서는 비용이 정확하게 얼마나 소요되는지 알 수 없기 때문에 좀 더 여유 있게 액수를 추산한다. 영업부는 이렇게 설계 부서와 공사 부서가 추산한 비용을 감안하고 합산하여 플랜트 건설 비용을 예상

한다.

이 단계까지는 실무 담당자가 진행하고, 실제 입찰 가격은 경영진이 최종 결정한다. 프로젝트 수행 비용이 도출되었더라도, 다른 업체와 경쟁하려면 가격 측면에서 경쟁력이 있어야 한다. 아무리 실력이 좋아도 다른 업체보다 가격이 높으면 수주하기 힘들기 때문에 경영진은 견적 가격을 거시적 관점에서 검토하여 결정한다.

그러나 이러한 경영진의 결정은 때로는 독이 된다. 대표적인 예로 수년 전 우리나라 기업에서 크게 문제가 되었던 사안을 들 수 있다. 물론 실무진이 제대로 견적을 내지 못하는 경우가 있고 각 문제의 특성이 다르겠지만, 많은 경우는 경영진이 단기적인 시각으로 무리하게 저가 수주를 단행하여 문제가 생긴다.

해외도 마찬가지지만 특히 우리나라 대기업은 실무진은 정규 직원인 반면 경영진은 계약직인 경우가 대부분이다. 보통 부장 직급까지는 정직원으로 근무하다가 상무 이상의 경영진으로 진급하면 기존의 정규직 신분을 버리고 별도의 계약직으로 재계약을 한다. 상당한 책임감과 결정권이 주어지는 동시에 계약직 신분이 되기 때문에 사실상 단기적으로 최대한 성과를 내야만 회사에서 오래도록 존속하거나 진급할 수 있다.

플랜트 공사는 길게는 5년 이상까지 진행하며 상당히 많은 기간이 필요한 반면 경영진의 회사 생활은 그보다 수명이 짧을 수 있으므로 문제가 생길 수밖에 없다. 결국 경영진 입장에서 단기적인 성과는 해외 공사를 성공적으로 수주하는 것뿐이므로 당장의 수주에 급급할 수밖에 없다. 그렇기 때문에 무리한 수주 경쟁을 벌이고 낮은 가격으로 입찰한다. 당장은 기쁠지 몰라도 장기간 프로젝트가 진행됨에 따라 결국 문제가 불거져 차후 적자라는 결과를 낳는 경우가 많다.

다행스럽게도 여러 회사가 이러한 문제점을 반면교사로 삼아 이제는 같은 실수를 되풀이하지 않고 있다. 최근 우리나라의 기본 설계 역량이 높아짐에 따라 프로젝트를 수주하기 전부터 면밀히 검토하며 경영진도 제 살을 깎아먹는 수주는 하지 않는다.

즉, 프로젝트를 성공적으로 입찰하고 수주하기 위해서는 실무진의 전문적인 기본 설계 역량과 경영진의 올바른 결정이 중요하다. 실무진과 경영진 모두가 전문적이면서 합리적으로 판단할 때 비로소 프로젝트를 성공적으로 시작할 수 있다.

설계
시작부터 끝까지 알아보기

설계란 플랜트를 짓기 전에 계획을 세우고 그에 대한 개념부터 구체적인 형상 등을 그려보는 단계다. 레고 장난감을 구매하면 상세한 조립 절차서가 포함되어 있다. 각종 부품이 분리되어 있지만, 조립 절차서에 따라 조립하면 원하는 형태로 완성할 수 있다.

플랜트도 하나의 완성품이 되기 위해서는 각각의 구성품이 필요하다. 또한 이들을 어떻게 조립할지를 고민해야 한다. 이러한 작업이 바로 설계다. 플랜트는 기능과 형상이 매우 복잡한 설비이므로 설계 단계에 많은 노력과 시간이 필요하다.

이와 관련하여 다시 한 번 플랜트 설계 단계를 정리해보자. 플랜트 설계는 뼈대를 세우는 것부터 시작해서 작은 단위 부품 설계까지 단계적으로 진행한다.

각 단계는 개념 설계, 기본 설계, 상세 설계, 생산 설계로 나눌 수 있다.

전체 그림을 그리는 개념 설계

개념 설계는 플랜트를 짓기 위해 타당성을 조사하는 동안 수행한다. 어떤 지역에 플랜트를 짓겠다고 결정되면 전체적인 플랜트의 그림을 그린다. 우리가 원하는 플랜트에서 나오는 생산물이 에틸렌이라는 물질이고 이것의 원료가 나프타라고 가정하면, 여기에 다양한 세부 공정이 필요하다. 우선 나프타를 가열하거나 반응시키고 생성물을 분리하여 최종적으로 원하는 제품을 생산하는 데 필요한 단위 시스템을 결정한다. 단위 시스템의 경우 세부적으로 어떤 장치를 활용할지를 나중에 다시 설계해야 하지만, 처음에는 이 단위 시스템을 사각형의 블록 형태로 설계한다. 블록을 구성하고 서로 이으면 블록흐름도라는 개념 설계의 초기 성과물이 도출된다. 블록을 구성하면 이제 원료를 활용하여 제품을 생산하기까지의 개념이 잡힌다. 집으로 따지면 뼈대가 세워진 상태다.

다음 단계에서는 각 단위 시스템에 어떤 주요 장치를 활용할지를 검토한다. 원료 물질을 가열하려면 열교환기가 필요한데, 이때 화덕처럼 직접 열을 가하는 가열로Fired heater를 활용할지, 간접적으로 뜨거운 증기나 열매체로 가열할지 등의 다양한 장치 옵션 중 적합한 것을 활용해야 한다.

반응을 하고 나온 반응 생성물을 분리하는 경우도 마찬가지다. 만약 반응 생성물이 가스 상태이며 두 가지 이상으로 구성되어 있다면 다양한 방법으로 분리할 수 있다. 막분리 방식처럼 다공성 물질에 통과시켜 입

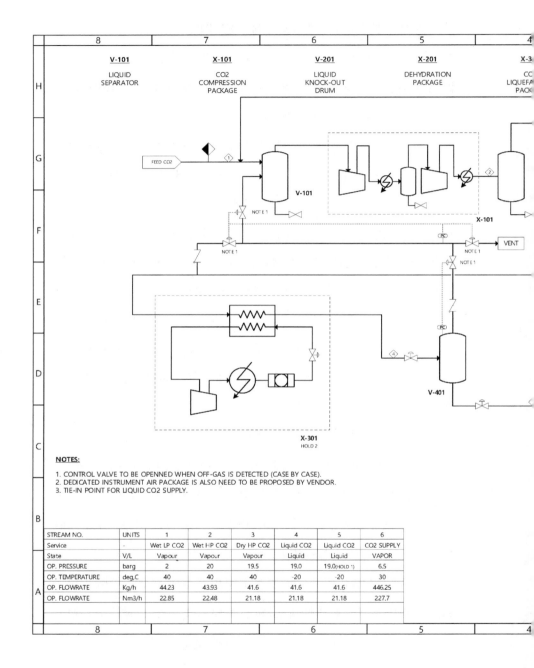

		8	7	6	5	4

V-101
LIQUID
SEPARATOR

X-101
CO2
COMPRESSION
PACKAGE

V-201
LIQUID
KNOCK-OUT
DRUM

X-201
DEHYDRATION
PACKAGE

X-3
CO
LIQUEFA
PACK

FEED CO2

V-101

NOTE 1

X-101

VENT

NOTE 1

NOTE 1

NOTE 1

V-401

X-301
HOLD 2

NOTES:
1. CONTROL VALVE TO BE OPENNED WHEN OFF-GAS IS DETECTED (CASE BY CASE).
2. DEDICATED INSTRUMENT AIR PACKAGE IS ALSO NEED TO BE PROPOSED BY VENDOR.
3. TIE-IN POINT FOR LIQUID CO2 SUPPLY.

STREAM NO.	UNITS	1	2	3	4	5	6
Service	-	Wet LP CO2	Wet HP CO2	Dry HP CO2	Liquid CO2	Liquid CO2	CO2 SUPPLY
State	V/L	Vapour	Vapour	Vapour	Liquid	Liquid	VAPOR
OP. PRESSURE	barg	2	20	19.5	19.0	19.0(HOLD ')	6.5
OP. TEMPERATURE	deg,C	40	40	40	-20	-20	30
OP. FLOWRATE	Kg/h	44.23	43.93	41.6	41.6	41.6	446.25
OP. FLOWRATE	Nm3/h	22.85	22.48	21.18	21.18	21.18	227.7

		8	7	6	5	4

114

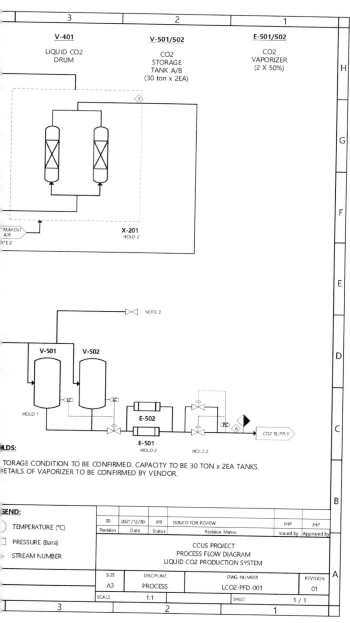

V-401
LIQUID CO2
DRUM

V-501/502
CO2
STORAGE
TANK A/B
(30 ton x 2EA)

E-501/502
CO2
VAPORIZER
(2 X 50%)

H

G

F

E

D

C

B

A

③

RUMENT
AIR
TE 2

X-201
HOLD 2

NOTE 3

V-501   V-502

HOLD 1

E-502

E-501
HOLD 2

HOLD 2

⑥

CO2 SUPPLY

LDS:

TORAGE CONDITION TO BE CONFIRMED. CAPACITY TO BE 30 TON x 2EA TANKS.
ETAILS OF VAPORIZER TO BE CONFIRMED BY VENDOR.

GEND:

TEMPERATURE (°C)

PRESSURE (Bara)

STREAM NUMBER

00	2021/12/30	IFR	ISSUED FOR REVIEW	JHP	JHP
Revision	Date	Status	Revision Memo	Issued by	Approved by

CCUS PROJECT
PROCESS FLOW DIAGRAM
LIQUID CO2 PRODUCTION SYSTEM

SIZE	DISCIPLINE	DWG NUMBER	REVISION
A3	PROCESS	LCO2-PFD-001	01
SCALE	1:1	SHEET	1 / 1

그림 20 공정흐름도 예시

공정흐름도는 주요 장치의 심벌과
이들 간의 관계, 그리고 내부에 흐
르는 유체의 압력이나 온도 같은
공정 조건을 보여준다.

자 크기가 작은 가스만 나가도록 할 수도 있고, 흡착성 물질에 통과시켜 특정 입자만 달라붙게 해서 분리할 수도 있다.

다양한 분리 방법 중 경제적으로 원하는 순도로 분리할 수 있는 장치를 선택한다. 아무리 경제적이더라도 원하는 순도로 분리해낼 수 없다면 활용할 수 없다. 그렇지만 분리 장치 두 개를 혼합하여 활용할 때 경제적이라면 복합적으로 적용할 수도 있다.

세부 공정에 관해 다양한 장치를 검토하고 최종적으로 적용할 장치를 결정하면 이를 기준으로 블록흐름도보다 세부적인 공정흐름도Process flow diagram, PFD가 도출된다. 블록흐름도에는 각 단위 시스템이 박스 형태로 나타나 있었다면, 공정흐름도에는 최소한 적용되는 장치 심벌 등이 좀 더 구체적으로 표현된다.

공정흐름도까지 만들면 비로소 열 및 물질 수지를 적용하여 실제로 어느 정도의 물질이 흘러가고 제품이 생산되는지를 계산할 수 있다.

이러한 계산을 할 때는 보통 공정 시뮬레이션 프로그램이라는 소프

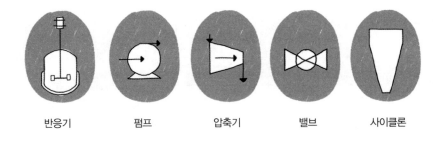

반응기   펌프   압축기   밸브   사이클론

그림 21 공정흐름도의 장치 심벌

트웨어를 이용한다. 공정 시뮬레이션 프로그램은 각종 화학, 물리 방정식과 데이터를 기반으로 하여 매우 복잡한 플랜트 공정을 계산하고 예측한다. 과거에 전문 컴퓨터 소프트웨어가 없던 시절에는 사람이 일일이 계산했지만 이제는 컴퓨터로 계산할 수 있다. 각 장치의 전·후단에 흘러가는 물질의 압력, 온도, 유량 등을 계산할 수 있으며, 이를 기반으로 각 장치의 크기나 사양을 정할 수도 있다.

장치의 크기와 사양이 정해진다는 것은 장치를 만드는 데 들어가는 비용이 얼마인지를 예측할 수 있다는 것이고, 더 나아가서는 플랜트를 건설하는 데 필요한 장치 가격도 산정할 수 있다는 의미다. 이 단계를 지나면 플랜트 건설 비용이 보다 구체적으로 도출되는데, 이러한 작업이 바로 개념 설계 단계에 이루어진다.

개념 설계 단계에 주요 장치의 가격을 추산한다고 해도 예측의 정확도는 상당히 낮다. 즉, 플랜트는 각종 기계장치뿐만 아니라 각종 배관, 전기, 계기 등의 다양한 장치로 구성되기 때문에 이들의 가격을 산정하지 않으면 가격이 제대로 도출되지 않는다.

그러면 기계장치뿐만 아니라 다른 구성 요소들의 가격을 산정하려면 어떻게 해야 할까? 이때 수행하는 것이 바로 기본 설계다.

개념 설계보다 자세한 기본 설계

기본 설계는 보통 플랜트를 입찰하기 전에 발주처에서 진행한다. 플랜트의 주인인 발주처는 플랜트를 지어줄 업체를 찾기 전에 FEED라고 불리는 기본 설계 단계에 플랜트의 가격을 가늠한다. 플랜트를 운영하는 발주처는 운영에 초점을 맞추기 때문에 보통 상세한 플랜트 설계까지 하지는 않는다. 자동차를 구매하여 운전하는 고객이 설계 사항까지 자세히 알지는 못하는 것과 같다. 이렇기 때문에 발주처는 전문 엔지니어링 업체를 고용하여 플랜트에 관한 기본 설계를 진행한다.

기본 설계 단계에는 개념 설계와 마찬가지로 플랜트의 기본적인 개념을 잡기 위한 프로세스 설계를 주로 하지만, 전 단계보다는 자세하게 설계한다. 플랜트의 가격을 산정해야 하므로 실제 설치해야 하는 장치와 배관의 물량도 어림잡아 모두 추산해야 한다. 이를 위해서는 기계 설계, 배관 설계, 전계장 설계와 같은 상세 설계 담당 부서도 참여해야 한다. 즉, 개념 설계 단계에서는 공정흐름도와 같이 주요 장치와 그들의 관계에 대한 설계를 위주로 했다면 기본 설계 단계에서는 공정배관계장도Piping and instrumentation diagram, P&ID와 같이 공정흐름도보다 더 자세한 설계를 진행한다. 이를 기준으로 후속 설계 부서에서 물량을 산출하고 가격을 산정한다.

공정흐름도가 장치와 이들의 관계를 위주로 표현한다면, 보통 P&ID라고 하는 공정배관계장도는 장치의 크기부터 시작하여 다른 장치들을 연결하는 배관, 그 사이의 각종 밸브와 계기에 이르는 자세한 사항을 포함한다. 주요 기계장치뿐만 아니라 세부 구성품까지 세세하게 설계한다는 것은 곧 이를 기반으로 좀 더 자세하게 플랜트 비용을 추산할 수 있다는 의미다. 예컨대 공정흐름도 단계의 가격 산정 오차가 ±50퍼센트였다면, 공정배관계장도 단계를 거치면 ±30퍼센트에서 ±10퍼센트까지 좀 더 정확하게 추산할 수 있다.

전문 엔지니어링 업체의 기본 설계를 거치면 발주처는 플랜트를 짓는 비용을 보다 명확하게 파악할 수 있다. 이 단계를 거치면서 만들어지는 문서가 바로 FEED 설계 자료다. 이 자료는 플랜트의 핵심 설계 기준을 다룬 설계 기준서부터 공정배관계장도뿐만 아니라 필요한 기계, 배관, 전기, 계장 장치의 기본 설계 성과물을 포함하며, 이를 기준으로 플랜트의 가격을 산정한다.

여기까지가 플랜트를 지어서 운영하고자 하는 발주처가 주로 수행하는 영역이다. 이제는 플랜트를 지어줄 업체를 찾을 준비가 된 상태다. 이렇게 뭔가 확실해진 상황이 되어야 발주처는 비로소 입찰을 부친다. 입찰이 시작되면 플랜트를 지어줄 EPC 업체는 나름대로의 설계 검증 능력을 활용하여 입찰을 준비한다. 즉, 기본 설계까지는 발주처가 했지만, 앞으로는 플랜트를 보다 상세하게 설계하고 건설해줄 업체가 주요 역할을 한다. 이 업체는 입찰을 준비하기 위해 발주처가 제공한 기본 설계물을 기반으로 하여 플랜트를 짓는 데 들어가는 비용을 산정하고 발주처에 제출한다.

예외적으로 발주처가 미리 EPC 회사와 함께 기본 설계를 진행하는 경우도 있다. 이때 EPC 회사는 하나가 될 수도 있고 두 개 이상이 될 수

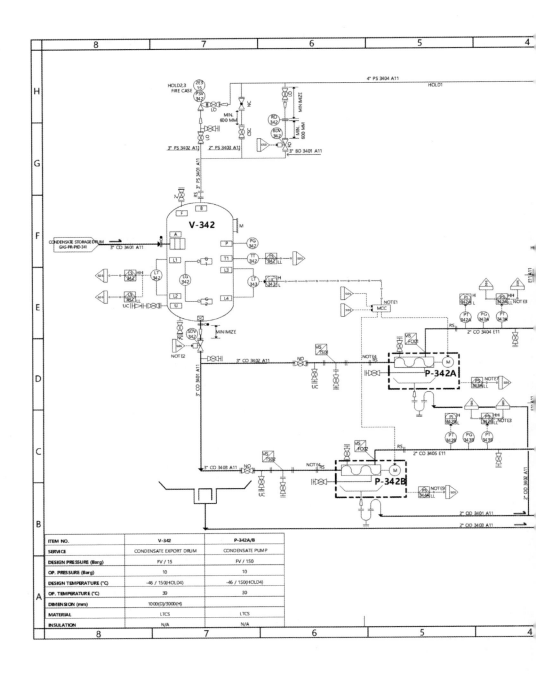

ITEM NO.	V-342	P-342A/B
SERVICE	CONDENSATE EXPORT DRUM	CONDENSATE PUMP
DESIGN PRESSURE (Barg)	FV / 15	FV / 150
OP. PRESSURE (Barg)	10	10
DESIGN TEMPERATURE (°C)	-46 / 150(HOLD4)	-46 / 150(HOLD4)
OP. TEMPERATURE (°C)	30	30
DIMENSION (mm)	1000(D)/3000(H)	
MATERIAL	LTCS	LTCS
INSULATION	N/A	N/A

120

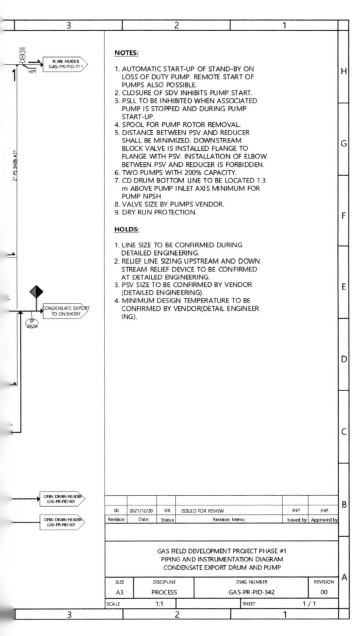

NOTES:

1. AUTOMATIC START-UP OF STAND-BY ON LOSS OF DUTY PUMP. REMOTE START OF PUMPS ALSO POSSIBLE.
2. CLOSURE OF SDV INHIBITS PUMP START.
3. PSLL TO BE INHIBITED WHEN ASSOCIATED PUMP IS STOPPED AND DURING PUMP START-UP.
4. SPOOL FOR PUMP ROTOR REMOVAL.
5. DISTANCE BETWEEN PSV AND REDUCER SHALL BE MINIMIZED. DOWNSTREAM BLOCK VALVE IS INSTALLED FLANGE TO FLANGE WITH PSV. INSTALLATION OF ELBOW BETWEEN PSV AND REDUCER IS FORBIDDEN.
6. TWO PUMPS WITH 200% CAPACITY.
7. CD DRUM BOTTOM LINE TO BE LOCATED 1.3 m ABOVE PUMP INLET AXIS MINIMUM FOR PUMP NPSH
8. VALVE SIZE BY PUMPS VENDOR.
9. DRY RUN PROTECTION.

HOLDS:

1. LINE SIZE TO BE CONFIRMED DURING DETAILED ENGINEERING.
2. RELIEF LINE SIZING UPSTREAM AND DOWN STREAM RELIEF DEVICE TO BE CONFIRMED AT DETAILED ENGINEERING.
3. PSV SIZE TO BE CONFIRMED BY VENDOR (DETAILED ENGINEERING).
4. MINIMUM DESIGN TEMPERATURE TO BE CONFIRMED BY VENDOR(DETAIL ENGINEER ING).

| 00 | 2021/12/30 | IFR | ISSUED FOR REVIEW | JHP | JHP |
| Revision | Date | Status | Revision Memo | Issued by | Approved by |

GAS FIELD DEVELOPMENT PROJECT PHASE #1
PIPING AND INSTRUMENTATION DIAGRAM
CONDENSATE EXPORT DRUM AND PUMP

SIZE	DISCIPLINE	DWG NUMBER	REVISION
A3	PROCESS	GAS-PR-PID-342	00
SCALE	1:1	SHEET	1 / 1

그림 22 공정배관계장도 예시

플랜트의 장치와 배관, 그리고 각
종 밸브와 계기 등의 인과관계와
성능, 크기, 수량과 같은 구체적인
정보를 담고 있는 중요한 설계 성
과물 중 하나다.

도 있다. 두 개 이상이 되는 경우에는 각 회사가 경쟁한다는 의미다. 기본 설계를 얼마나 잘하느냐에 따라 플랜트 짓는 비용이 결정되고, 가격 경쟁력이 높은 회사가 결국 플랜트를 성공적으로 수주할 수 있다.

기본 설계가 잘되고 성공적인 입찰 과정을 거쳐 플랜트를 지을 업체가 정해지면 상세 설계가 진행된다. EPC 프로젝트에서 이제부터는 계약자가 주관이 되는 것이다.

기본 설계를 업데이트하는 상세 설계

기본 설계는 짧게는 수개월, 길어도 1년 이내에 개략적으로 하기 때문에 이 설계대로 플랜트를 건설하기에는 정보가 매우 부족하다. 플랜트를 짓는 비용을 개략적으로 추산하는 것이 목적이므로 상세한 구성품들이 누락된 경우도 많다. 그러므로 기본 설계가 끝나더라도 상세 설계 단계에서 많은 엔지니어가 시간과 노력을 투입한다.

기본 설계 단계에서도 플랜트 가격을 산정하기 위해 노력을 기울이지만, 상세 설계 단계에서는 실제 플랜트를 설계하고 건설해야 하므로 배관 설계, 계장 설계, 전기 설계, 상세 구조 설계, 선장 설계 등 다른 모든 후속 설계 공종에 더 많은 인력과 시간이 투입된다. 즉, 기본 설계 단계에서는 이러한 후속 설계 공종이 주요 장치나 설비의 사양서를 작성했다면, 상세 설계 단계에서는 실제 플랜트를 짓기 위한 세부적 설계까지 진행해야 한다. 이 때문에 프로세스 설계와 기본 구조 설계 같은 선행 설계 부서보다 두 배 이상 많은 인력이 동원되며, 3D 모델링처럼 인력이 많이 필요한 업무에는 전문 협력 업체를 활용하기도 한다.

기본 설계 단계는 프로세스나 기본 구조를 설계하는 부서가 주도하여 진행하며 중요한 사항을 많이 결정하므로 상세 설계 단계에는 기본적인 설계 사항이 많이 확립되어 있다.

이 때문에 상세 설계가 시작되면 프로세스 설계나 기본 구조 설계 부서는 할 일이 없을 듯하지만, 그럼에도 불구하고 상세 설계 초기 단계에는 기본 설계 당시 해결되지 않은 사항을 위주로 많은 사항을 업데이트해야 한다. 또한 기본 설계 당시에는 정보가 부족하여 진행하지 못한 수많은 계산이나 시뮬레이션 작업도 해야 한다.

상세 설계 단계에 주로 반영되는 사항을 살펴보면 기본 설계 단계에서 해결하지 못한 사항 수정, 상세 설계 정보 습득에 따른 각종 계산서, 시뮬레이션 작업과 벤더 데이터의 반영, 형상 설계에 따른 기본 설계 사항 수정, 발주처의 프로젝트 계획 변경에 따른 수정 등이 있다.

우선 기본 설계 단계에서 해결하지 못하는 사항들을 살펴보자. 기본 설계 단계에는 입찰을 위한 설계 위주의 작업을 한다. 그러므로 입찰 과정에서 각 계약 후보로부터 날아오는 다양한 질의 사항 때문에 일부 주요한 설계 조건이 변경될 수 있다. 즉, 발주처는 플랜트를 짓기 위해 정확히 설계하기보다 금액만 대략 산출하면 되므로 불완전한 부분이 많을 수밖에 없다. 계약 후보가 이러한 점을 발견하면 확인을 요청할 수 있고, 문제가 있으면 수정한다.

예비 계약자는 입찰을 요청받으면 플랜트의 가격을 산정하기 위해 입찰 서류를 면밀하게 검토하기 시작하는데, 아무래도 입찰 설계 당시의 기본 설계 성과물이 불과 수개월 남짓인 단기간에 나오므로 허점이 많고 다양한 문서 간에 일치하지 않는 사항이 생길 수도 있다. 예를 들어 설계기준서에는 어떤 장치의 용량을 1백 톤으로 설계하라고 되어 있는데 실제 도면에는 150톤으로 설계된 경우도 있다. 이때 예비 계약자는 어떤 조건이 맞는지를 발주자 측에 확인해달라고 요청하고, 확인되는 사항에 따라 해당 가격을 산정한다. 이 단계에서 입찰 서류는 변경되지 않고 차후 상세 설계 단계에서 변경된다.

상세 설계 정보가 쌓이면, 기존에 없던 형상 정보를 도출하며 각종 계산과 시뮬레이션을 하는 설계 업데이트를 진행한다. 이러한 설계의 대표적인 예는 블로다운Blowdown 시뮬레이션이다.

블로다운은 플랜트에 가스가 누출되거나 화재가 발생했을 때 연쇄적인 대형 사고를 방지하기 위해 플랜트 내부에 있는 가연성 화학물질을 짧은 시간 안에 외부로 방출하면서 태우는 것이다. 원유와 가스를 생산하는 플랜트는 보통 15분 내에 시스템 내의 압력을 7bar 이하로 낮출 정도로 내부의 물질을 방출하곤 한다. 이러한 제한 시간 내에 압력을 낮추기 위해서는 시뮬레이션 계산이 필요한데, 이때 전문적인 소프트웨어를 활용한다. 시뮬레이션 계산을 정확히 하려면 관련된 장치와 배관 내부의 부피 등을 알아야 하는데, 기본 설계 단계에는 실제 플랜트의 3D 모델링 정보가 미비하므로 해당 시뮬레이션 계산에 필요한 입력 정보가 부족한 상황이다. 그러므로 이러한 시뮬레이션은 기본 설계 단계에서는 대략 하고, 상세 설계 단계에 관련 배관의 설계와 배치가 90퍼센트 이상까지 진행되면 이 정보를 활용하여 시뮬레이션을 전면적으로 업데이트 해야 한다. 시뮬레이션을 통해 일부분에 병목현상Bottle-neck이 생겨서 압력이 제대로 낮춰지지 않는다고 파악되면 해당 배관의 배치를 바꾸는 등 설계를 변경한다.

상세 설계 단계에 새로 얻는 주요 데이터는 벤더Vendor 데이터다. 벤더는 플랜트에 설치되는 각종 기계, 배관, 계기, 전기 장치들을 제작하는 업체를 뜻한다. 벤더 데이터는 벤더가 요구하는 상세 정보를 말한다.

예컨대 기본 설계 단계에는 벤더가 아직 정해지지 않는 경우가 많다. 이후 상세 설계 단계에서 벤더가 정해지면 각 벤더 고유의 장치 사양과 설계 사항에 따라 설계를 변경해야 한다. 단순하게는 벤더의 장치와 플랜트를 연결하는 부위Tie-in point부터 벤더가 요청하는 각종 사항이 해당된다. 벤더들 각자가 제작하는 장치가 정상 작동하는 데 필요한 요구 조건이 다르므로 이를 플랜트에 반영해야 하는 것이다. 예를 들어 벤더가 어떤 장치를 운전할 때 지속적으로 뭔가를 배출해야 한다면, 플랜트에 배기 배관을 설치해야 한다.

벤더마다 그러한 배출량도 다르기 때문에 그에 맞는 배관을 설치한다. 만약 배관의 크기가 작으면 장치 성능에 큰 문제가 생길 수도 있다. 일례로 플랜트에서 전기를 발생시키는 비상발전기는 연료로 가스나 디젤유를 사용하는 경우가 있는데, 연료를 태우면 배기가스가 많이 발생한다. 벤더는 장치만 제작하므로 배출되는 가스를 연결해주는 배관까지는 제작하지 않는다. 배관이 없는 장치가 뿜는 가스가 플랜트 안에서 배출되면 심각한 오염을 일으키며 엔지니어들의 건강에도 영향을 미치므로, 보통 긴 배관을 활용하여 플랜트 밖으로 배출한다. 이러한 배관은 벤더가 설치하지 않고 플랜트를 짓는 EPC 업체가 담당하는데, 너무 작게 설치하면 배기가스가 밖으로 나갈 수 없다. 결국 해당 장치 내에 배기가스가 쌓이면서 문제가 발생한다.

일상생활에서 찾기 쉬운 예를 들면 보일러가 불완전연소하여 나타나는 일산화탄소 배출과 중독이다. 보일러를 제작하는 업체는 장치 자체만을 제작할 뿐이며, 배기가스 배관은 보일러 시공 업체가 담당한다. 그런데 해당 업체가 배관을 제대로 연결하지 않아 중간에 가스가 새면 결국 소비자는 일산화탄소 중독 같은 심각한 피해를 입을 수 있다. 이렇듯, 플랜트 건설 업체는 벤더가 권장하는 대로 연관된 배관 등의 설비를 제대로 설치해야 한다.

상세 설계 단계에서 반영해야 하는 또 다른 주요 사항은 형상 설계에 따라 기본 설계 사항을 수정하는 것이다. 기본 설계 단계에는 플랜트의 형상을 상세하게 구성하지 않기 때문에 실제 지어지는 플랜트를 설계할 때 일치하지 않거나 잘못된 사항이 많이 발견된다. 예를 들어 기본 설계 단계에서는 상당히 큰 밸브가 어떤 위치에 반드시 함께 설치되어야 한다고 설계했지만 실제로 배치해보니 이들이 너무 커서 도저히 설치할 수 없는 경우가 생길 수 있다. 이때에는 결국 이들을 위한 특별한 장소를 제공하는 등의 조치가 필요한데, 이 때문에 다른 장치의 위치를 바꿔야 할 수도 있다. 다른 장치의 위치를 변경하면 결국 또 다른 장치를 옮겨야 하는 연쇄적인 문제가 발생할 수 있다. 즉, 기본 설계 단계에 예측할 수 없었던 사항들이 발생하여 많은 설계 사항이 변경될 수 있다.

다음으로 상세 설계에서 자주 발생하는 변경은 발주처의 계획 변경에 따른 설계 수정이다. 발주처가 입찰 단계에서 어떠한 계획을 기준으로 플랜트의 기본 설계를 완료했더라도, 내외부 환경 변화에 따라 프로젝트의 계획이 크게 변할 수도 있다. 만약 어떠한 가스를 생산하는 플랜트에서 초기에는 원료의 온도가 50도로 예측되었으나, 프로젝트를 진행하는 와중에 온도가 1백 도 이상으로 바뀌는 상황이 발생하면 관련 설비의 설계 사양을 모두 변경해야 한다. 온도에 따라 플랜트에 적용되는 재질이 바뀌므로 발주처는 이러한 설계 변경 사항을 반영해달라고 요청한다. 이러한 사항을 보통 변경 지시Change order라고 한다. 이 요구 때문에 바뀌는 가격을 보상해주기는 하지만 플랜트 시스템이 무척 복잡하며 또 다른 문제가 발생할 수 있기 때문에 건설 업체는 관련된 모든 설계 사항을 면밀하게 검토하여 반영해야 한다.

구매
수많은 플랜트 구성품을 찾아라

플랜트에 필요한 각종 장치와 구성품을 구매하려면 매우 많은 노력과 시간이 소요된다. 수많은 장치가 유기적으로 연관되어 운영되기 때문에 몇 개의 구성품이 잘못되면 심한 경우 플랜트가 정지할 수도 있으므로 구성품의 품질이 매우 중요하다. 저렴하다고 무턱대고 구매해서 설치했다가는 나중에 문제가 되어 처리 비용이 더 많이 소요될 수도 있다. 아울러, 작은 부품은 짧은 시간 안에 제작하여 납품할 수도 있지만, 발전기처럼 또 다른 플랜트에 견줄 정도로 복잡한 장치는 상세 설계의 초반, 어떤 경우에는 입찰 설계 단계부터 구매 절차를 시작해야 할 수도 있다.

구매 단계는 크게 RFQ, TBE, PO 세 가지로 나뉜다. RFQ란 견적 의뢰Request for quotation의 약자로 후보 벤더에 견적을 요청하는 단계다. RFQ에 앞서 수행하는 단계도 있는데 바로 PQ 단계인 입찰참가자격 사전심사Pre-qualification다. 후보 벤더 리스트를 선정하기 위한 단계로서 전 세계의 수많은 벤더가 설비를 공급할 능력이 있는지를 재무적, 기술적

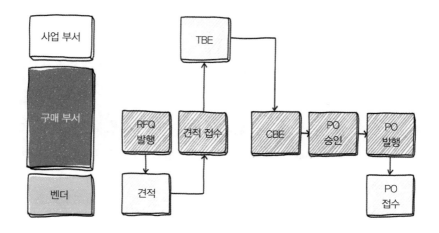

그림 23 구매 단계별 핵심 사항

구매는 구매 부서가 주관한다. 사업 부서와 벤더 간 조율 과정을 통해 최종 구매 계약을 체결하면 해당 장치와 구매품이 설계되고 제작, 납품된다.

등 다양한 측면에서 검토하는 단계다. 발주자의 PQ 단계를 통과한 벤더에 비로소 RFQ에도 참여할 수 있는 자격이 주어진다.

해외 플랜트 프로젝트의 주요 발주자는 PQ를 매우 엄격하게 실시한다. 우리나라에도 수많은 플랜트 관련 기자재 업체들이 있지만, 해외 유명 발주자의 PQ 단계를 통과하기는 쉽지 않다. 플랜트 업계가 워낙 보수적이어서 기존에 성능이 좋았던 제품이나 업체를 계속 활용하고 신규 업체는 잘 받아들이지 않는 경향이 있기 때문에 이 단계를 통과하려면 많이 노력해야 한다. 처음부터 해외 유명 발주자의 프로젝트에 참여하지 못하는 경우 그보다 덜 엄격한 발주자의 프로젝트에 참여하여 실적을 쌓는다면 기회를 얻을 수 있다.

PQ를 진행할 때 발주자는 해당 회사를 방문하여 공장 라인을 살펴보고 재무적으로도 문제가 없는지를 꼼꼼히 체크하곤 한다. 플랜트 프로젝트가 오랫동안 수행되며, 한 번 건설하면 수십 년간 운영해야 하니 꼼꼼할 수밖에 없는 것이다. 아울러 업체의 재무 구조가 좋지 않아 조만간 위태로울 수 있다면 플랜트 건설 도중에 갑자기 자재를 납품받지 못할 경우도 있고 나중에 애프터서비스받기도 어려울 수 있으므로 상당히 중요한 일이다.

이렇게 꼼꼼한 PQ 단계를 잘 통과해서 후보 벤더 리스트에 포함되면 깐깐한 발주자의 테스트를 통과한 만큼 다른 발주자의 후보에 들어갈 가능성도 높다. 여하튼 PQ 단계를 잘 거치면 비로소 RFQ라는 구매의 첫 번째 주요 단계에 초청받을 수 있다.

RFQ 단계가 시작되면 플랜트를 건설하는 계약자가 해당 후보 벤더에 설비를 납품하도록 입찰을 요청한다. 마치 발주자가 후보 계약자에게 입찰을 하는 것처럼, 이 단계에서는 계약자가 후보 벤더에게 입찰을 하는 것이다. 이때 계약자는 관련 설비의 사양서와 데이터시트라는 주요 사양과 조건이 담긴 기술 서류를 송부한다. 서류를 받은 후보 벤더 업체는 이제 검토를 시작한다. 과연 해당 설비를 설계하고 제작, 납품할 수 있는지부터 시작해서 상세하게 검토하여 가격을 산출한다. 가격이 나오면 이를 계약자인 플랜트 EPC 업체에 보내 입찰을 한다.

다음 단계는 TBE 단계다. 기술 입찰 검토 Technical bid evaluation 라는 용어의 약자이며, 기술적으로 입찰자인 벤더를 검토하는 단계다. 앞의 RFQ 단계에서 후보 벤더 업체들로부터 가격과 함께 그들의 제작 조건을 송부받은 플랜트 EPC 계약자는 이제 각 후보 업체를 평가하기 시작한다. 해당 업체의 재무 구조부터 시작하여, 접수한 기술 서류가 과연 자신들이 지을 플랜트에 적합한지, 그리고 가격도 저렴한지 검토한다.

이때 단순하게 자료를 검토하는 것이 아니라, 궁금한 사항이 생기면 해당 벤더에 확인을 요청한다. 워낙 복잡하고 다양한 설비가 많은 만큼 이러한 확인도 체계적으로 이루어진다. 재무적인 사항은 구매 부서에서 확인하겠지만, 기술적인 사항에 대해서는 설계 부서 담당자의 확인이 필요하다. 기계장치는 기계설계부, 배관 설비는 배관설계부 등 관련 있는 부서에서 확인 작업을 한다. 기계설계 담당자가 만약 펌프를 확인한다면, 펌프에 대한 기계적인 사항은 자체적으로 해결할 수 있지만, 프로세스 설계 관련 내용은 다시 담당 프로세스 엔지니어에게 전달하여 확인을 요청한다. 전기 관련 사항은 담당 전기 엔지니어에게 확인을 요청해야 할 것이다. 그렇게 유기적으로 얽혀 있는 각 담당자의 확인을 모두 받으면 벤더가 확인해야 할 다양한 사항을 기계설계 담당자가 리스트로 취합하여 구매 부서에 전달한다.

그렇게 전달된 확인 사항 리스트는 벤더에게 전달되며, 벤더는 각각의 사항을 면밀히 검토하고 플랜트 EPC 계약자에게 답변을 전달한다. 한두 번만으로도 끝날 수 있지만, 사항이 복잡하면 여러 번 주고받을 수도 있고, 필요에 따라서는 관계자들이 회의를 해야 할 수도 있다. 그렇게 수차례 확인을 하고 상호 동의한 확인 리스트와 회의록을 도출한다. 이 자료는 차후 계약할 때 모두 첨부하여 혹시 모를 분쟁을 방지하기 위한 근거로 활용할 수 있다.

TBE 단계를 거쳐서 후보 벤더 업체를 면밀하게 검토하면 이제 대상이 좁혀진다. 기술적 사항은 설계 담당자가 모두 확인했으므로 이제 중요한 것은 바로 가격이다. 만약 두 개의 벤더가 비슷한 제품을 납품할 수 있다면 결정 요소는 바로 가격일 것이다.

저렴한 가격에 동일한 성능을 발휘하는 제품을 납품할 수 있는 벤더가 최종 검토 끝에 결정되면 이제 PO라는 단계를 거친다. 구매 주문Purchase order이라는 단계로, 구매 요구를 하고 계약하는 단계다. 이제 해당 벤더와 정식으로 계약하고 우리가 제공한 설계 조건에 맞는 설비를 제작하기 위한 설계를 한 후 제작하여 납품하도록 할 수 있다.

위와 같은 세 단계는 설비별로 시기와 기간이 달라질 수 있다. 발전기처럼 플랜트에 견줄 만큼 대단히 큰 설비는 제작 기간이 오래 걸릴 수 있으므로 발주자가 미리 구매 단계를 시작하는 경우도 있다. 이를 장납기 품목Long lead item, LLI이라고도 부르는데, 플랜트의 핵심적인 장치이면서 납품 기간이 길기 때문에 발주자가 대단히 신경 쓴다. 반면 일반적인 소형 밸브나 계기처럼 단순한 설비 또는 기성품으로 납품이 가능한 장치들은 여유 있게 구매를 진행한다. 그리고 설계가 반드시 모두 끝나야만 구매를 진행하는 것이 아니라 설비나 상황에 따라 그 시점이 달라질 수 있다는 것도 주목할 만한 점이다.

건설
드디어 플랜트를 만든다

상세 설계와 구매 단계를 거치면 플랜트를 건설할 준비가 된다. 이를 근간으로 장치, 배관, 계기, 밸브 등을 구매하고 입고할 수 있다. 세부적인 구성품이 마련되면 이제 플랜트라는 거대한 설비를 건설할 수 있다.

플랜트를 지으려면 우선 기초를 마련해야 한다. 육상에서는 플랜트가 세워질 부지를 정돈하고 콘크리트, 철근, 빔 등으로 탄탄한 기초를 만들고, 해상에서는 플랜트를 얹을 철 구조물인 재킷을 세워야 한다. 수심이 2백 미터 이상인 깊은 바다에는 재킷 구조물을 세우기 어려우므로 바다 위에 플랜트가 떠 있을 수 있도록 부유식 기초를 만들어야 한다. 부력이 있는 구조물이나 선박 모양으로 만든다. 어떠한 형태의 기초이든 플랜트 설비를 지지할 수 있어야 한다.

그다음에 플랜트 자체를 건설하는데, 제일 먼저 해야 할 일은 플랜트의 구조를 세우고 각 층을 만드는 것이다. 일반적인 건축물을 짓는 방식과 비슷하다. 구조가 구성되면 이제 각 구역별로, 만약 층이 여러 개라

번호	과업명	기간	시작 일자	종료 일자	2012 4월(1)	5월(2)	6월(3)	7월(4)	8월(5)	9월(6)	10월(7)	11월(8)	12
1	**계약 체결**	–	2012년 4월 1일	–	◇ 마일스톤 #1: 계약 체결								
2	**설계** Engineering	120주	2012년 4월 1일	2014년 9월 30일									
2-1	개념/기본 설계	52주	2012년 4월 1일	2013년 4월 30일						1단계		2단계	
2-2	상세 설계	72주	2012년 10월 1일	2014년 3월 31일									
2-3	설치/현장 설계	36주	2014년 1월 1일	2014년 9월 30일									
3	**구매** Procurement	72주	2014년 1월 1일	2013년 6월 30일									
3-1	장납기 장치 구매 주문/납기	–	–	2013년 6월 30일				구매 주문					
3-2	일반 장치 구매 주문/납기	–	–	2014년 2월 28일									구매 주
3-3	구조 철강 구매 주문/납기	–	–	2013년 12월 31일					구매 주문				
3-4	벌크 자재 구매 주문/납기	–	–	2013년 6월 30일									구매 주
4	**건설** Construction	108주	2014년 1월 1일	2015년 3월 31일									
4-1	구조물 제작	72주	2014년 1월 1일	2014년 6월 30일									
4-2	외장품 제작	56주	2013년 8월 1일	2014년 9월 30일									
4-3	기계적 완공/예비 시운전	8주	2014년 10월 1일	2014년 11월 30일									
4-4	운송	4주	2014년 12월 1일	2014년 12월 31일									
4-5	해상 설치/시운전	12주	2015년 1월 1일	2015년 3월 31일									
4-6	성능 보장/플랜트 인도	–	–	2014년 3월 31일									

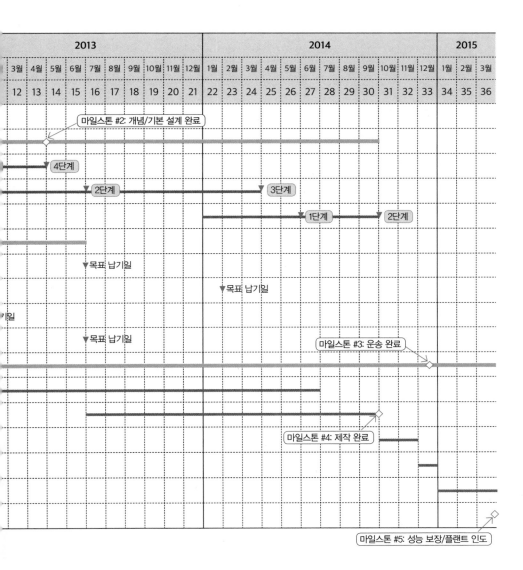

	2013										2014												2015		
	3월	4월	5월	6월	7월	8월	9월	10월	11월	12월	1월	2월	3월	4월	5월	6월	7월	8월	9월	10월	11월	12월	1월	2월	3월
	12	13	14	15	16	17	18	19	20	21	22	23	24	25	26	27	28	29	30	31	32	33	34	35	36

마일스톤 #2: 개념/기본 설계 완료

4단계

2단계 3단계

1단계 2단계

목표 납기일

목표 납기일

일

목표 납기일

마일스톤 #3: 운송 완료

마일스톤 #4: 제작 완료

마일스톤 #5: 성능 보장/플랜트 인도

그림 24 플랜트 건설 스케줄 예시

면 층별로 부피가 크고 굵직한 장치를 설계안대로 배치한다. 우리가 이사를 할 때 부피가 큰 침대, 냉장고 등을 먼저 들여놓고 그보다 작은 물품들은 나중에 옮기는 것과 비슷하다.

큰 장치를 이동하기 위해서는 거대한 크레인 같은 도구가 필요하기 때문에 미리 해놓지 않으면 차후 배치가 매우 어려워진다. 특히 층이 여러 개인 플랜트는 1층에 장치를 배치한 후 그 위에 2층의 바닥을 놓고 다시 장치를 배치하기 때문에, 1층에 추가로 큰 장치를 끼워 넣으려면 그 노력이 몇 배 더 들어갈 수 있다. 그렇게 큰 장치를 먼저 배치하고 나면 작은 장치와 설비를 설치한다. 그렇게 모두 설치하면 이후 그 장치와 설비들을 연결하는 작업을 시작한다.

플랜트는 모든 장치와 설비가 유기적으로 연결되어 있어야 제대로 작동한다. 원료 물질이 흘러가면서 변화해야 결국 우리가 원하는 제품이 되기 때문이다. 그렇게 각 물질이 흘러가려면 장치와 설비를 연결하는 배관이 필요하다.

뿐만 아니라 플랜트에서 각종 장치를 구동하려면 전기도 필요하다. 우리가 가정에서 콘센트에 연결하여 각종 가전제품을 쓰듯이 전기로 작동되는 펌프, 히터, 각종 제어장치 등은 플랜트에 전기가 공급되어야 제대로 움직인다. 이를 위해 플랜트에 전력이 흘러가는 전기선을 유기적으로 연결한다.

요즘 플랜트는 전기뿐 아니라 자동 제어 시스템을 대부분 구비하고 있다. 이러한 시스템을 활용하려면 제어실의 컴퓨터와 각종 장치를 데이터 신호 전송 케이블로 연결해야 한다. 즉, 인트라넷처럼 플랜트 안에서만 데이터를 송수신하는 시스템이 있어야 한다.

이렇듯 각 단위 장치와 설비를 배관이나 케이블로 연결해야 한다. 이 중에서도 먼저 연결해야 하는 것은 크기가 큰 배관 라인이다. 전기나 데이터를 송신하는 케이블은 배관에 비해 두께가 얇은 반면 배관은 거대한 경우는 지름이 사람의 키보다 크다. 이렇게 워낙 크다 보니 먼저 연결하지 않으면 차후에 걸리적거리는 설비들 때문에 일이 매우 어려워진다. 큰 배관은 기본 설계 단계에 장치를 배치할 때부터 미리 고려한다. 단위 장치에 비견할 만큼 거대하기 때문이다. 배관뿐만 아니라 그 사이의 밸브 또한 상당히 클 수밖에 없으므로 함께 설치해야 한다.

큰 배관을 연결하고 나면, 장치와 마찬가지로 그보다 작은 배관을 연결하기 시작하고 점점 더 작은 배관을 설치한다. 크기가 작아질수록 수량이 기하급수적으로 늘기 때문에 설치하기는 쉽지만 꼼꼼하게 작업해야 한다.

플랜트의 주요 자동 밸브를 움직이는 공기 공급 라인을 살펴보면 밸브의 수만큼이나 많은 배관이 거미줄처럼 엮여 있다. 수백 개의 배관 중몇 개를 잘못 설치하면 해당 공기가 공급되어야 할 자동 밸브는 동작하지 않을 것이다. 그렇지만 시운전할 때 이것들을 발견할 수 있고 작은 배관은 상대적으로 금방 설치할 수 있으므로 큰 문제가 되지는 않는다.

각종 장치, 그들을 잇는 배관과 밸브 같은 중간중간의 구성품, 압력과온도 등의 상태를 측정하는 각종 계기들을 설치하면 비로소 플랜트 건설의 첫 번째 단계가 마무리된다.

이 단계는 형상적으로는 모든 것이 설치되었지만, 플랜트가 제대로 구동되는지는 확인되지 않은 상태이다. 이 상태에서 무턱대고 원료를 넣고 플랜트를 구동하면 누출이 발생하거나 장치가 고장 날 수도 있다.

그러므로 첫 번째 단계가 마무리되면 다음으로 각종 테스트를 수행한다. 플랜트의 구성품을 잇는 방법은 여러 가지지만 대표적으로 두 가지가 있다. 플랜지를 이용하는 방법과 용접하는 방법이다. 전자는 볼트와 너트를 활용해서 연결하고 조이므로 나중에 다시 풀어낼 수도 있다. 제대로 연결하지 않으면 배관의 틈 사이로 액체나 가스가 새어 나올 수도 있는 것이 단점이다. 가정의 수도 배관에서 가끔 물이 새는 것과 마찬가지다. 용접하는 방법은 새는 문제점을 방지할 수 있으나, 다시 뜯어낼 수가 없으므로 내부에 문제가 생기면 들여다볼 수도 없고 잘라내야 한다.

이 두 가지 방법으로 연결하고 나면 각각에 맞는 테스트를 한다. 플랜지로 연결된 시스템은 물이나 공기를 넣어서 새는 부분이 있는지 확인하는 리크Leak 테스트를 진행한다. 이 테스트는 건설 단계에서 여러 번 할 때도 있을 만큼 중요하다. 플랜트에서 가연성, 유독성 물질 등이 밖으로 새어 나오는 것만큼 위험한 상황은 없기 때문이다. 용접 부위를 테스트하는 방법은 여러 가지다. 특히 초음파, 자기장 혹은 방사선을 활용하면 해당 부위에 결함이 있는지 여부를 확인할 수 있다. 용접을 제대로 했음에도 불구하고 충격이 가해지거나 내부의 특수 물질 때문에 부식이 발생하면 해당 용접 부분이 파손될 수도 있다.

시스템의 배관을 적합하게 테스트한 후에도 장치를 바로 운전할 수는 없다. 각종 설치 작업을 하느라 배관 내부에 불순물이 들어 있을 수도 있기 때문이다. 심한 경우에는 작업자가 용접하기 전에 배관에 넣어둔 각종 공구나 옷이 들어 있을 수도 있다. 이러한 물체를 그대로 두고 유체를 흘려보내면 어딘가를 막거나 장치에 들어가서 고장을 일으킬 수도 있다. 그러므로 공기, 질소 혹은 물로 플러싱이라는 세척 작업을 하며, 때에 따라서는 세척을 위해 화학물질을 넣어서 부식된 부분까지 깨끗하게 청소한다.

플러싱까지 마치면 비로소 플랜트를 시험 가동하는 시운전 단계에 돌입한다. 시운전이라고 해서 정상 운전 상태의 시험을 하는 것은 아니고 일단 안전하게 물이나 공기, 질소를 주입하여 장치를 구동해본다. 압축기는 공기 혹은 질소를 테스트 물질로 활용하고, 펌프는 물이나 안정한 디젤을 활용한다.

테스트는 가능하면 실제 공장의 운전 조건과 비슷하게 시행한다. 압력이나 온도를 가능한 만큼 올려서 해당 장치가 적합하게 기능하는지를 확인한다. 이때 중요하게 점검하는 부분이 바로 제어 로직이다.

플랜트를 만들 때는 특히 운전과 안전 두 가지를 중점으로 제어 로직을 만들고 컴퓨터에 반영하는데, 이들이 정상적으로 작동하는지를 확인하는 것이다. 아울러 여러 장치에는 각 장치별로 작동하는 순서가 있다. 따라서 하나가 잘못되면 다른 장치가 바로 작동하는 제어 로직이 필요하다. 예를 들어 연료유를 뒤에 있는 발전 시스템에 공급해주는 펌프가 있다고 가정해보자. 플랜트에서 발전 시스템은 대단히 중요한데, 만약 펌프가 고장 나면 플랜트 전체의 운전이 정지될 수도 있기 때문이다. 이러한 문제를 방지하기 위해 펌프를 하나만 설치하는 것이 아니라 같은 용량으로 하나 더 설치한다. 만약 첫 번째 펌프가 잘 구동되다가 문제가 생겨 정지하면 대기하고 있던 펌프가 바로 동작하여 연료를 제대로 공급할 수 있게 해준다. 뿐만 아니라, 펌프 후단이 막히면 펌프의 고장을 방지하기 위해 작동이 정지되어야 하는데, 이를 위해 펌프 뒤에는 압력 측정 계기와 과압 방지 제어 로직이 반영되어 있다. 정상 운전 상태에서는 5bar의 압력을 토출하지만, 문제가 생겨서 10bar 이상으로 넘어가면 계기들이 상황을 감지하고 펌프를 정지시킨다. 물론 이때에는 후단의 발전기에 연료가 더 이상 공급되지 않지만, 압력이 올라갈 때 적절하게 정지하지 않는다면 펌프 자체에 심각한 고장이 발생할 수도 있기 때문이다.

이와 같이 각종 구성품의 운전과 안전을 위한 제어 로직이 작동하는지 여부는 시운전을 통해 검증해야 한다. 10bar 이상일 때 차단해야 하나 6bar일 때 차단된다면 계기가 잘못되었으므로 올바로 측정할 수 있도록 바로잡는 교정 Calibration 작업도 해야 한다.

건설의 중요한 단계인 시운전이 끝나면 비로소 가동을 할 수 있다. 플랜트는 공정과 유틸리티 시스템으로 나뉘는데, 이 중 유틸리티 시스템을 먼저 정상 가동해야 한다.

유틸리티 시스템이란 플랜트에 필요한 각종 용수, 공기, 질소, 냉각수, 열매체, 전기 등을 생성하여 공급해주며 보조 역할을 하는 시스템이다. 이 시스템이 정상적으로 작동해야 비로소 공정 시스템을 가동할 수 있다. 어느 하나도 중요하지 않은 유틸리티 시스템은 없다. 이 시스템이 제대로 작동하지 않으면 공정 자체를 가동할 수 없다.

예를 들어 공기 공급 시스템을 가동하지 못하면 플랜트의 곳곳에 설치되어 있는 공압식 자동 밸브를 작동하지 못하게 된다. 즉, 가스나 액체의 흐름을 조절하거나 차단하는 밸브가 움직이지 못한다는 이야기이며, 이는 공장을 제대로 돌릴 수 없다는 뜻이다. 냉각수도 마찬가지다. 뜨거운 유체를 식히는 데 활용해야 하는데, 냉각수가 제대로 공급되지 않으면 결국 점점 뜨거워져서 큰 문제가 생길 수도 있다. 이렇듯 보조적이지만 핵심적인 역할을 하는 유틸리티 시스템은 주요 공정을 동작하기 전에 반드시 정상적으로 운전할 수 있는 상태가 되어야 한다.

유틸리티 시스템이 정상적으로 작동하면 비로소 원료나 에너지를 활용하여 우리가 원하는 제품이나 에너지를 만드는 공정 시스템을 작동할 수 있다. 공정 시스템 작동을 시작하더라도 버튼 하나를 조작하여 곧바로 플랜트를 정상 가동할 수 있는 것은 아니다. 원료를 주입하는 입구 시스템부터 시작해서 하나하나씩 정상 상태 여부를 확인하고 나서 다음 시스템을 조심스럽게 가동할 수 있다. 또한 처음부터 원료를 모두 투입하지 않고 10~30퍼센트 정도의 적은 양을 넣어서 가동하며 정상 작동이 되는지 확인한 후에야 물질을 더 투입한다.

이렇게 단계적으로 가동하기 때문에 최종적으로 처리되지 않은 물질이 누적될 수 있는데, 후속 시스템이 정상 가동되지 않은 상태에서는 이 처리 중 물질을 폐기하거나 적절한 시스템으로 보내 처리해야 한다. 예를 들어 가스 생산 플랜트에서 단계적으로 시운전을 한다면, 가스전에서 나오는 가스를 입구 시스템에서 처리한 후 다음 시스템으로 보내야 한다. 만약 뒤에 있는 가스 정제 시스템이 정상 작동하지 않는 상태라면 가스를 그대로 방출하고 태워야 한다. 압력이 매우 높은 가스전에서 나온 가스를 다시 넣을 수도 없고, 연료로 활용하기에는 정제되지 않고 품질이 좋지도 않기 때문이다.

조심스럽고 단계적으로 원료 일부를 활용하여 어느 정도 정상 운전을 하면, 양은 적지만 우리가 원하는 제품이 나온다. 제품의 품질이나 조건이 원하는 기준치에 적합하면 이제 원료를 더 넣어서 생산량을 늘려나간다. 생산량을 늘려서 1백 퍼센트에 도달하면 비로소 플랜트가 완벽하게 정상 상태이고 건설이 끝났다고 볼 수 있다.

발주자가 요구하는 성능에 도달하면 플랜트의 주도권은 발주자에게 넘어가는데, 이때 계약자가 최종적으로 거쳐야 하는 관문은 바로 성능 보장 시험이다. 보통 정상 상태에 이른 후에 발주자가 수개월간 공장을 운전하고 이상이 없다는 사실을 파악하면 계약자에게 성능 보장 시험 허가를 내준다. 이 시험은 공장을 3일 이상 운전하면서 시스템 곳곳의 핵심 성능 결과를 점검하여 문제 유무를 확인하는 절차다. 이 시험을 거치면 필연적으로 크고 작은 문제점이 드러난다. 해당 문제점이 플랜트 성능에 큰 영향을 미치는 사항이 아니라면 간단한 하자보수를 조건으로 걸어 성능 보장 시험에 합격할 수 있다. 이러한 시험 통과가 바로 발주자에서 계약자로 권한이 넘어가는 중요한 단계이며, 이제 계약자 측은 프로젝트가 끝났다고 선언할 수 있다.

프로젝트가 끝나면 무엇을 하나

운전과 유지보수

프로젝트 건설의 최종 단계인 성능 보장 시험에 성공하면 정해진 기간 동안의 프로젝트는 끝난다. 플랜트는 발주자에게 인도되며, 비로소 발주자가 주도하여 본격적인 운전을 시작한다. 1~2년간은 크고 작은 하자가 발견되면 플랜트를 설계하고 건설해준 계약자가 적절한 조치를 취해야 하지만, 그 후에는 발주자가 책임지고 플랜트를 운전하며 제품이나 에너지를 생산한다.

플랜트를 설계하고 건설한 후 시운전까지 하는 동안 많은 오류를 바로잡지만, 본격적인 운전을 시작하면 예측하지 못했던 문제가 많이 나타난다. 플랜트를 1백 퍼센트 가동할 때 특정 장치의 성능에 문제가 생겨서 원하는 만큼의 제품이 생산되지 않을 수도 있고, 갑자기 장치가 고장 나서 플랜트를 멈추어야 할 때도 있다. 즉, 아무리 미래를 예측하고 예방 조치를 해도 플랜트는 살아 있는 생물과 같아서 불확실성이 있기 마련이다. 이 때문에 플랜트를 운영하는 와중에도 계속 관리하고 개선 작업을 해야 한다.

플랜트를 본격적으로 운전하기 시작한 발주자는 정상적인 운전을 위해 여러 가지를 꾸준히 관리해야 한다. 관리해야 하는 주요 사항은 인력 관리, 품질 관리, 안전 관리 등이다.

플랜트 운전법 교육

플랜트가 안정적으로 작동하기 전이나 운전 도중에 문제가 생겼을 때 문제를 해결하는 것은 결국 사람의 몫이므로 인력 관리가 매우 중요하다. 사람마다 성격과 능력이 다르므로 누가 운전을 담당하느냐에 따라 결과가 달라질 수 있다. 플랜트는 항상 원하는 품질의 제품이나 에너지를 생산해야 한다. 이를 위해 각 플랜트 운전원은 끊임없이 교육을 받는다. 그중에서도 중요한 것은 바로 기술과 안전에 관한 교육이다.

기술 교육을 할 때는 플랜트의 각종 장치를 가동하는 방법과, 문제가 발생할 경우 해결하는 방법에 중점을 두고 교육한다. 특히 교육받은 사람 누구나 같은 행동과 조치를 취하게 하기 위해 작업 표준서를 작성하고 이 내용을 꾸준히 교육한다. 표준서란 플랜트를 올바르게 운전하는 절차를 적은 문서다. 누구나 그 문서를 참조하면 동일하게 행동할 수 있도록 명쾌하게 작성된다. 예를 들어 특정 장치를 운전할 때 무엇을 먼저 수행하고 다음으로 어떤 조치를 해야 하는지 등이 매우 자세하게 쓰여 있다. 표준서는 초보자가 보더라도 이해하기 쉽게 작성해야 한다.

표준서 명칭	용접 작업 절차서		
표준서 번호	WEL-STD-001		
표준서 작성자 이름	○○○ 부장	표준서 작성자 이름	○○○ 과장
표준서 작성자 서명	(서명)	표준서 작성자 서명	(서명)
표준서 목적	본 표준서는 ○○○ 시스템과 관련한 배관 용접에 대한 …		
표준서 범위	○인치 이상의 SS316L 재질 배관과 관련 피팅류에 대한 용접 방법 …		
표준서 절차	1. 작업 전 준비 2. 작업 수행 중 유의 사항 3. 작업 수행 절차 　1) 배관 외부 확인 　2) 배관 내부 확인 　3) 배관 플러싱 절차		

그림 25 표준서 예시
표준서는 플랜트 운영에 필요한 여러 주요 작업에 대한 설명서다. 가전제품을 구매하면 매뉴얼이 제공되듯이, 표준서도 플랜트 운영에 필수적인 문서로서 작업자가 이해하기 쉽고 상세하게 작성된다.

안전 교육

　운전에 관한 기술 문서를 교육하는 일 외에 중요한 것이 바로 안전 교육이다. 플랜트가 잘 운전되더라도 안전 문제로 사고가 발생하면 그동안의 노력이 물거품이 될 수 있으며 막대한 손실을 초래할 수도 있다. 그러므로 안전 교육은 매일 해도 부족하지 않다. 실제로 대부분의 플랜트 업체들이 구성원들에게 경각심을 주기 위해 교육을 반복한다.

　플랜트 운전에서 인력 관리와 더불어 중요한 사항 중 하나는 품질 관리다. 플랜트의 목적은 제품을 생산하고 판매하여 이윤을 창출하는 것이므로, 제품의 품질이 좋지 않거나 고르지 않으면 근본적인 문제가 된다. 사실 품질 관리 또한 인력 관리와 관계가 밀접하다. 품질에 대한 기준을 정해두고 컴퓨터가 이를 모니터링할지라도 결국은 사람이 관리해야 하기 때문이다. 생산한 제품의 품질이 좋지 않을 때 어떤 공정의 문제점을 빨리 해결해야 하는지 여부에 대한 판단은 사람이 해야 한다. 이는 품질 관리에 대한 교육이 중요하다는 의미이기도 하다.

　안전 관리는 플랜트를 지속적으로 운영하려면 반드시 필요한 사항이다. 안전 조치를 소홀히 해서 사고가 발생하면 물적 손실뿐만 아니라 인적 손실이 발생할 수 있으며, 더 나아가서는 플랜트 주변에까지 피해를 일으킬 수 있기 때문이다. 안전 관리도 품질 관리와 마찬가지로 사람이 어떻게 행동하느냐가 중요하므로 결국 플랜트 운영 인력에 대한 안전 교육에 심혈을 기울여야 한다.

　대부분의 플랜트는 제품 생산보다 안전을 최우선으로 여기며 매우 다양한 방법으로 안전 교육을 한다. 매일 아침 구성원들이 플랜트 운전에 투입되기 전에 안전 교육을 하는 것은 물론이고 주기적으로 각종 안전 교육을 실시한다. 사람은 동일한 자극이 계속되면 무뎌지기 마련이므로 새로운 방식으로 안전 교육을 받아야 하기 때문이다. 이렇게 안전 교육을 받더라도 실수할 수도 있다. 이런 경우를 위해 플랜트에는 각종 안전장치가 2중, 3중으로 적용되어 있다. 이렇게 촘촘하게 안전장치가 구성되어 있으므로 요즘의 플랜트는 사고 위험을 최소화하며 운전할 수 있다.

지금까지 플랜트를 정상적으로 운전하기 위한 각종 방안을 살펴보았다. 플랜트도 사람과 마찬가지로 오래 사용하면 고장 나고 문제도 발생한다. 그러므로 정기적인 유지보수 작업이 필요하다. 자주 고장 나거나 안전에 중요한 장치는 자주 점검하고 필요하면 교체한다. 대형 플랜트는 적어도 1년에 한 번 정도는 전체 플랜트의 가동을 멈추고 총체적으로 점검한다. 이러한 유지보수 작업은 플랜트를 수십 년간 운영할 수 있는 비결이다. 또한 제품을 안정적으로 생산하고 사고 발생을 최소화하기 위해 반드시 필요한 조치다.

연구개발
또 다른 프로젝트

지금까지 상용급 플랜트의 설계, 구매, 건설과 이후의 운전과 유지보수 과정을 이야기했다. 그럼 플랜트 엔지니어링 분야의 연구개발, 즉 플랜트의 기본이 되는 기술은 어떻게 개발할까?

1900년대에 플랜트 분야가 태동하기 시작한 후 지금까지 수많은 거대한 플랜트가 설계되고 건설되었다. 플랜트에 활용되는 기술은 각종 공학 이론에 근간하여 수십 년에 걸쳐 누적되었다. 즉, 플랜트에 적용된 기술은 하루아침에 생겨난 것이 아니라 수많은 연구개발을 통해 검증되어 왔다. 그렇게 개발된 다양한 기술이 적용된 많은 플랜트는 우리가 원하는 제품이나 에너지를 생산한다.

어느 좋은 기술이 발견되었다고 해서 그것을 바로 대형 플랜트에 적용할 수는 없다. 여러 단계의 검증과 스케일업 연구를 통해 거대한 상용급 플랜트에 적용할 수 있는 수준까지 완성도를 높여야 한다.

다양한 종류의 플랜트에는 각기 다른 기술이 적용된다. 어떤 기술은 모든 플랜트에 공통적으로 활용할 수 있고, 어떤 기술은 특정 플랜트에만 특화하여 적용할 수 있다. 중요한 점은 어떠한 플랜트든 연구개발을 통해 기술을 개발하거나 개선해야 성능이나 경제성을 높일 수 있다는 것이다.

플랜트 기술을 연구개발하는 단계에서 가장 먼저 시작하는 것은 기초 연구다. 기초 연구란 실험실 수준에서 새로운 기술을 발견하고 개발하는 단계다. 예를 들어 작은 연구실에서 각종 유리 플라스크 등의 도구를 활용하여 원료 물질 A를 유용한 제품인 B로 만들 수 있는 촉매반응 기술을 개발하는 것 등이다. 이 단계에서는 기존 기술보다 경제성이나

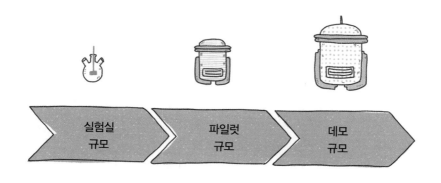

실험실 규모	파일럿 규모	데모 규모
• 기초 연구 단계 • 유리 또는 작은 장치 활용 • 수개월~수년 소요	• 실증 연구 단계 • 작은 플랜트 활용 • 수년 소요	• 시제품 생산 단계 • 중소 규모 플랜트 활용 • 상용급 플랜트 전 단계

그림 26 플랜트 기술 연구개발 단계
플랜트의 핵심 기술을 처음부터 대형 플랜트에 적용할 순 없다. 작은 실험실 규모부터 연구개발을 시작해서 가능성이 보이면 규모를 키운다. 이후 경제성이나 안전성이 보장된 후에야 대형 플랜트에 적용한다.

안정성을 높일 수 있는지, 또는 전혀 새로운 기술이라면 생성되는 물질의 파급력이 어떤지를 검토한다. 또한 압력과 온도가 다양한 환경에서 이리저리 테스트하고 성능을 극대화할 수 있는 방안을 찾는다. 이러한 단계는 일반적으로 연구소나 대학에서 수행한다.

그렇게 기초 연구를 통해 가능성을 파악하면, 다음으로 장치를 크게 만들어 연속적 혹은 대량으로 생산할 수 있는지를 연구한다. 이를 벤치급 기술 연구라고도 한다.

기존에는 실험실에서 쓰는 유리 도구 등을 활용했다면, 이제는 실제 공정에서 쓰는 금속 재료를 활용한다. 또한 기존 연구가 실험 위주의 기초 연구에 머물렀다면, 이제는 작지만 플랜트 엔지니어링 기법을 적용하기 시작한다.

실제 플랜트에서는 유리 도구를 대형화하여 적용하기가 불가능하다. 그러므로 규모를 확장하는 스케일업을 하려면 금속 재료를 활용해야 한다. 예를 들면 플랜트는 규모가 매우 크기 때문에 유리 재질을 활용하지 않고 탄소강이나 스테인리스스틸 같은 금속 재질로 장치를 제작하는데, 벤치 규모에서도 작지만 플랜트와 비슷한 재질로 장치를 제작한다.

벤치 규모의 연구를 성공적으로 마치면 좀 더 규모를 확장하여 파일럿 규모의 연구를 진행한다. 파일럿 규모는 기술을 상용화할 가능성을 좀 더 파악하는 단계이다.

건물의 1층 규모부터, 큰 경우에는 3층 내외 규모까지를 소형 플랜트로 볼 수 있다. 파일럿 규모의 연구에서는 향후 상용급 플랜트에서 활용해야 할 모든 장치를 소형화하여 적용한다. 재질이나 공정 운전 조건도 유사하다. 다만 파일럿 규모에서는 또다시 최적의 운전 조건을 찾기 위해 다양한 압력, 온도, 유량을 적용하며 테스트를 한다.

파일럿 규모의 연구는 규모가 작은 연구보다 인력이나 비용이 많이 필요하다. 실제 플랜트를 운영할 수 있을 정도의 기술이 필요하며, 아무래도 건물 규모로 플랜트를 지어야 하기 때문에 수억에서 수십억 원 이상의 비용이 소요된다. 이 단계는 연구실과 벤치 규모 연구에서 충분히 검증한 기술을 대규모의 상용급 플랜트에 적용하기 직전에 다양하게 테스트하기 위해 진행한다.

파일럿 규모 단계에서 다양하게 테스트하여 최적의 플랜트 설계와 운전 조건을 찾아야 하며, 여기에서 도출된 최적안을 활용하여 비로소 다음 규모인 데모 규모의 플랜트까지 진행한다.

파일럿 규모 연구를 진행하다 보면 앞의 단계에서 나온 결과를 재현하기가 상당히 어렵다. 기존에는 효율이 80퍼센트였다면 벤치 규모 연구에서는 대부분 그보다 낮은 결과가 나온다. 예를 들면 휘저을 수 있는 교반기를 장착한 원통형의 반응 장치가 있다고 가정하자. 이 장치의 크기가 작을 때는 내부 물질을 균일하게 혼합하기가 쉽지만 크기가 커지면 그 작업이 어려워진다. 많은 기술개발이 파일럿 규모 연구를 끝으로 중단된다. 이 단계에서 상용화 가능성이 최종적으로 결정될 때가 많기 때문이다.

파일럿 규모의 연구개발이 성공하면 그다음으로 데모 규모 플랜트를 건설한다. 파일럿 플랜트까지는 연구개발에 초점을 맞춘다면, 데모 플랜트에서는 상용화에 초점을 맞춘다. 다시 말해 파일럿 플랜트에서 다양하게 테스트하여 최적의 설계안을 도출한다면, 데모 플랜트에서는 최적 설계안을 적용하여 실제 시제품을 생산해본다. 즉, 상용급 플랜트를 짓기 직전에 기술을 적용하는 단계이며, 제품을 만들어서 판매할 수 있을 정도로 생산하기도 한다.

데모 규모 연구에서는 파일럿 규모 연구에서 찾은 최적의 운전 조건을 반영하여 플랜트를 건설하고 운영하여 제품을 생산하고, 시중에 판매하기도 한다. 때로는 데모 플랜트를 생략하고 파일럿 규모 연구 결과를 활용하여 바로 상용급 플랜트를 건설한다. 하지만 거대한 플랜트를 건설하기 전에 그보다 규모가 작은 데모 플랜트를 지어 검증하는 것이 안전하다.

데모 규모까지 거쳐서 생산한 제품에 시장성이 있다고 판단되면 비로소 해당 신기술을 상용급의 대규모 플랜트에 적용한다. 실험실 규모에서 데모 규모까지 소요되는 기간이 10~15년임을 보면 하나의 신기술을 개발하는 데 많은 기간과 비용이 필요함을 알 수 있다. 이렇게 개발된 신기술은 하나의 라이선스로 등록할 수 있으며, 이 기술을 각종 플랜트에 적용하면 그에 대한 라이선스 비용이 개발자에게 지급된다. 제약회사가 신약을 개발할 때 상당한 시간과 비용을 들이지만 일단 성공하면 한꺼번에 보상받는 것과 비슷하다.

Q. 우리나라가 플랜트 강국이 된 비결은 무엇인가요?

1950년 이후 중화학공업 중심으로 경제를 개발하면서 플랜트 건설 역량이 높아진 것도 주요 비결 중 하나고, 특히 우리나라 사람들의 성실함과 근면함이 해외 플랜트 프로젝트를 수행할 때 강점으로 작용했다고 생각합니다. 중동의 혹독한 환경에서도 정해진 기간 안에 프로젝트를 완수하기 위해 밤낮 없이 일하고, 엄격한 중동 발주자의 인정을 받아 지속적으로 공사를 수주한 일화들은 중동의 신화라고 불릴 만큼 지금도 유명합니다. 또한 다른 나라의 계약자가 프로젝트를 수행하다가 일정이 지연되는 문제가 발생하면 책임을 회피하려고만 하는 반면 우리나라 업체들은 프로젝트에 지장이 없도록 어떻게든 문제를 해결하는 데 집중하여 중동 발주자의 인정을 받은 사례가 많다고 합니다. 특히 우리나라 엔지니어링 건설사의 프로젝트 관리 능력이 상당히 뛰어나기에, 빠르게 건설하면 발주자와 계약자 모두 수익을 극대화할 수 있는 플랜트 사업에서 빛을 발했다고 봅니다.

그렇지만 개념 설계와 기본 설계 분야의 역량에 아직 부족한 부분이 있어서 더욱 크게 성장하는 데 장애물이 되고 있습니다. 이 부분을 보완해야 우리나라 플랜트 사업 역량이 다시 한 번 도약할 것입니다.

Q. 육상 플랜트와 해양 플랜트는 어떻게 다른가요?

———

육상 플랜트와 해양 플랜트는 말 그대로 플랜트를 건설하거나 설치하는 곳이 육상이냐 해양이냐가 다릅니다. 이러한 차이 때문에 플랜트 공사를 수행하는 방식이 달라집니다. 육상 플랜트는 사이트가 정해지면 모든 자재를 그곳으로 보내 플랜트를 건설합니다. 반면 해양 플랜트는 이동하기 편리하도록 모듈화를 하고 이를 육상 현장에서 제작합니다. 이동과 설치가 최대한 쉬워야 하기 때문에 모듈 형태로 작고 간편하게 제작하는 것이 특징입니다.

또한 육상에는 거의 모든 분야의 플랜트를 건설하는 반면에 해양 플랜트는 오일과 가스 플랜트, 해상 풍력 플랜트 등으로 구성되어 있습니다. 육상에 부지가 충분한데 군이 해양에 플랜트를 건설해서 경제성을 낮출 필요는 없기 때문입니다.

Q. 수년 전 우리나라가 플랜트 사업에서 대규모 적자를 낸 이유는 무엇인가요? 그리고 재발을 방지하려면 어떻게 해야 할까요?

우리나라 업체가 플랜트 프로젝트를 수주하는 데만 급급해서 나중에 일어날 일들은 중요하지 않게 생각한 것이 큰 문제점이었습니다. 단기적 성과를 이루는 데만 연연하여 수주하면 후에 플랜트 프로젝트를 완료하는 비용이 예상보다 높아질 수 있습니다. 플랜트 프로젝트는 대부분 수년간 장기적으로 수행됩니다. 그런데 앞으로 어떻게 되건 상관없다는 식으로 수주하면 결국 후속 담당자가 부작용을 감당하지 못하고 해결하기 어려울 수 있습니다. 이러한 문제점을 최소화하려면 수주 단계부터 미래에 일어날 일을 예측하고 해당 비용을 반영해야 할 것입니다.

Q. 학생이나 초보 엔지니어가 플랜트 엔지니어링을 전체적으로 파악하려면 무엇에 중점을 두는 것이 좋을까요?

플랜트 엔지니어링은 무척 다양한 분야와 기술이 활용되므로 배울 내용도 많고 복잡하다고 생각하는 경우가 많습니다. 그렇지만 본질은 단순합니다. 기본적으로 플랜트를 왜 짓는지를 이해해야 합니다. 앞서 언급한 바와 같이 어떠한 원료나 에너지를 활용하여 우리가 원하는 제품이나 또 다른 에너지를 생산하는 것을 플랜트라고 합니다. 그러한 기능을 하는 플랜트를 설계하고 건설하는 것이 바로 플랜트 엔지니어링입니다. 뭔가가 복잡하다고 생각되면 가능한 한 단순하게 생각할 필요가 있습니다. 만약 학생이라면, 학교에서 배우는 과목이 현실에서는 어떻게 활용되는지를 미리 이해해둘 필요가 있습니다. 어째서 이 분야를 배우는지를 깨달은 이후에 배우는 것이 공학 분야를 가장 효과적으로 습득하는 방법 중 하나입니다. 플랜트 엔지니어링은 복잡하다고 생각하면 한없이 복잡하고, 단순하다고 생각하면 한없이 단순합니다.

3장

플랜트 엔지니어는
무슨 일을 하나

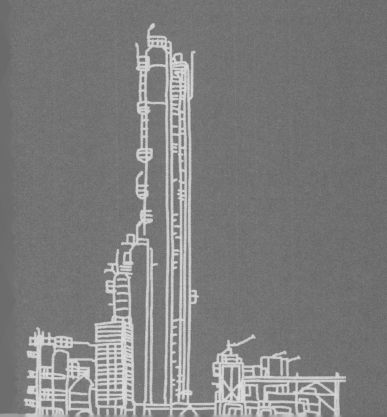

플랜트 프로젝트에는 누가 참여하나

앞에서는 플랜트와 플랜트 엔지니어링에 대해 살펴보았다. 그렇다면 플랜트 프로젝트에 참여하는 회사나 사람들은 어떤 존재이고 어떤 역할을 할까? 플랜트를 설계, 건설하고 운전하는 엔지니어부터 각 과정에 참여하는 주요 관계자를 이해관계자Stakeholders 라고 한다. 플랜트 엔지니어가 물론 핵심을 담당하지만 다른 이해관계자가 없다면 프로젝트를 성공적으로 완수할 수 없다. 즉, 거대한 플랜트 프로젝트는 많은 이해관계자가 참여하여 협업하고 각자의 역할을 충실히 해야 성공적으로 마무리할 수 있다. 여기서는 플랜트에 참여하는 주요 이해관계자의 역할과 이들의 관계를 설명하고자 한다.

플랜트를 운영하는 발주자

발주자의 목적은 플랜트를 운영하여 수익을 창출하는 것이며, 이러한 목적을 기반으로 프로젝트의 각 단계를 수행한다. 발주자는 프로젝트를 건설할 계약자를 선정하기 전의 개념 설계와 기본 설계 단계에서, 어떻게 하면 플랜트를 지어서 최대의 이익을 창출할지를 고민하며 업무를 진행한다.

이후 플랜트를 지을 건설 엔지니어링 업체를 선정하면, 프로젝트의 비용이 결정되었더라도 자신들의 이익을 최대화하면서 프로젝트를 성공적으로 마무리하는 데 초점을 둔다. 특히 일괄 도급 방식으로 계약하면 계약자가 한정된 금액으로 프로젝트를 완수해야 할 의무를 지므로, 계약서의 요구 조건을 벗어나지 않는 한도에서 가능한 한 저렴하게 건설하고 운영할 방법을 찾는다. 이러한 전략을 프로젝트가 완료될 때까지 지속한다. 이후 프로젝트가 완료되고 플랜트 운영 주체가 발주자로 바뀌면 그다음 목적으로 플랜트 운영을 통해 이익을 극대화하는 방안에 중점을 두고 일을 진행한다. 발주자가 플랜트를 짓고 운영하는 과정에서 가장 중요한 것은 얼마나 이익을 창출하느냐는 경제성이기 때문이다.

어느 회사가 발주자 역할을 하는지 예를 들면 무궁무진하지만 산업별로 대표적인 회사를 살펴보면 다음과 같다.

오일과 가스 분야에는 오일 메이저라고 불리는 미국의 엑슨 모빌Exxon mobil, 쉐브론Shevron, 영국의 BP, 초국적 기업 쉘Shell 등이 있다. 석유나 가스가 많이 매장되어 있는 국가들은 초기에 외국의 자본과 기술에 의

존하다가 결국 국영 석유회사 및 가스회사를 설립하여 발주자 역할을 하는 경우가 많다. 대표적인 예가 사우디아라비아의 사우디 아람코Saudi Aramco 같은 거대 기업이다.

이러한 대형 회사들은 석유가 본격적으로 생산되어 활용된 1900년 대부터 급속도로 팽창하여 막대한 부를 쌓았다. 물론 전쟁이나 정치적 문제, 그리고 셰일오일 같은 이슈 때문에 유가가 폭락하면 대규모 적자를 내고 최악의 경우 파산할 때도 있었지만, 화석연료 시대에 많은 부를 축적해왔다. 상황에 따라서는 회사 간 합병도 하면서 현재의 거대한 공룡 기업에 이르렀다.

이 회사들은 땅속의 석유와 가스를 탐사하고 개발한 후 운영하는 사업에 중점을 두고, 플랜트를 짓는 일은 건설회사, 엔지니어링 회사 같은 계약자에 의뢰한다.

우리나라는 매장된 석유와 가스가 거의 없기 때문에 사업자가 많지 않지만 포스코인터내셔널이나 SK에너지 같은 민간 회사가 해외의 오일과 가스를 개발하여 운영한다. 국영회사인 한국석유공사도 해외 자원을 개발하기 위해 투자한다.

발전 분야는 화력발전, 원자력발전, 그리고 신재생에너지발전 등으로 나누어 볼 필요가 있다. 화력발전은 기반 산업이기 때문에 국가가 운영하는 경우가 많은데, 신흥국처럼 국가 재정이 좋지 않은 곳에서는 민간 회사도 발전 사업을 한다. 우리나라에서는 한국서부발전, 한국중부발전, 한국동서발전 같은 공기업들이 발전 사업을 벌이고 있고, 금호석유화학 같은 민간 회사도 화력발전을 통해 전기를 생산한다. 일부 해외

기업이 우리나라에 진출하여 화력발전소를 짓기도 했으나 대부분은 앞서 언급한 공기업들이 짓고 운영한다.

화력발전소는 증기를 발생시키고 이를 활용하여 터빈을 돌려서 전기를 생산한 후 증기를 응축한다. 이때 필요한 냉각수로 바닷물을 이용하므로 많은 화력발전소가 바다에 인접한 지역에 건설되어 운영된다. 발전소는 사람이 많이 거주하지 않는 지역에 위치하므로 이곳에서 일하는 기술자들은 아무래도 일상적인 삶이 불편해지는 경우가 많다.

원자력발전도 증기를 발생시켜서 터빈을 돌린 후 전기를 생산하는 과정은 화력발전과 같다. 그러나 연료가 우라늄이므로 발전소를 건설하고 운영하기가 쉽지 않고, 특히 안전 측면에서 매우 엄격한 과정을 거친다. 우리나라에서는 한국수력원자력이라는 공기업이 독점적으로 운영하고 있다.

신재생에너지발전은 풍력발전과 태양광발전 그리고 수력발전이 대표적이다. 재생에너지 보급이 확대되면서 요즘은 태양광발전 설비를 쉽게 볼 수 있다. 이 분야에서는 민간 사업자들이 태양광발전 설비를 운영하여 발생하는 전기를 한국전력이나 전력거래소에 판매한다. 이때 신재생에너지 공급인증서Renewable energy certificate, REC라는 공급인증서가 발급되며, 이 또한 수익으로 보상받을 수 있다.

석유화학 분야의 해외 대형 석유회사들은 많은 프로젝트를 진행한다. 이 분야는 우리나라의 대표적인 효자 산업인 만큼 많은 국내 회사가 석유화학 플랜트를 운영하고 있다. 먼저 해외에서 유조선 등으로 수입해 오는 원유를 정유회사에서 증류하여 여러 가지 물질로 분리한다. 대표적인 기업은 SK에너지, 현대오일뱅크, GS칼텍스 등이다.

원유를 증류하면 휘발유나 경유 외에 나프타, 아스팔트 등의 화학물질도 나온다. 나프타는 석유화학 산업에서 중요한 물질이다.

나프타는 성분이 휘발유와 비슷하지만 열을 가하여 분해하면 다양한 기초 석유화학물질을 만들 수 있다. 이렇게 분해하는 공정이 바로 NCC Naphtha Cracking Center다. 우리나라에서 관련 사업을 하는 대표적 기업은 이름에 NCC가 포함된 여천NCC뿐만 아니라 대한유화, 한화토탈, SK종합화학 등이 있다.

NCC를 통해 나오는 대표적인 물질은 에틸렌, 프로필렌 등이 있고 벤젠, 톨루엔, 자일렌 같은 물질도 함께 생산할 수 있다. 관련 기업들은 이들을 분리하여 각각 석유화학 제품으로 판매한다. 에틸렌이나 프로필렌 같은 물질을 이어서 붙이는 중합반응을 거치면 일반인에게도 친숙한 플라스틱의 원료인 폴리에틸렌, 폴리프로필렌 같은 물질이 생성된다. 이런 사업은 롯데케미칼, LG화학, 대한유화, SK종합화학 등의 회사가 수행하고 있다. NCC 사업과 연계하여 플라스틱 원료 제조 사업도 하는 것이다.

에틸렌은 염소를 반응시켜서 에틸렌 디클로라이드 Ethylene Dichloride, EDC 같은 물질로 만들 수도 있고, 열을 다시 가해서 염화비닐 Vinyl Chloride Monomer, VCM까지 만들 수 있는데 이를 다시 프로필렌과 반응시키면 폴리염화비닐 Polyvinyl Chloride, PVC이라고 불리는 범용 플라스틱 물질도 만들 수 있다. 우리나라에서는 LG화학과 한화케미칼이 이런 사업을 하고 있다.

앞의 이야기는 에틸렌을 활용하는 방법의 일부만 언급한 것이다. 실제로는 나프타라는 하나의 물질로부터 무척 많은 화학물질을 만들 수 있고, 우리나라의 많은 석유화학회사가 관련 사업을 하고 있다. 하나의 회사가 모든 석유화학물질 사업을 하는 것이 아니라 각자 강점이 있고 잘해서 이익을 낼 수 있는 사업을 맡아서 진행한다.

플랜트 산업에서는 앞에서 언급한 각종 회사가 발주자 역할을 한다. 이들은 제품이나 에너지를 생산하기 위해 플랜트를 지어줄 계약자를 찾는다. 그럼 발주자 회사에서는 인원을 어떻게 구성하여 프로젝트를 진행하는지를 살펴보자.

발주자 측에서는 프로젝트 계획부터 최종 운영까지 모든 과정에 관여해야 하므로 각 단계에 맞는 조직을 꾸린다. 계획 단계에서는 사업의 타당성을 중점적으로 조사해야 하므로 비교적 소규모의 프로젝트 팀이 조직된다.

프로젝트 팀은 회사에 따라 다를 수 있지만, 주로 사업 기획을 하는 부서와 기술적 사항을 담당하는 부서, 그리고 법률이나 회계 사항을 보조하는 부서의 담당자가 모여서 태스크포스 팀을 구성한다. 이때 회사 내에서 해당 프로젝트를 담당하는 모든 인원을 선정하는 것이 아니라 외부의 전문 컨설턴트나 엔지니어를 계약직으로 고용하여 업무를 진행하는 경우가 많다. 즉, 발주자 회사의 정직원과 외부에서 일정 기간 활용하기 위하여 고용한 계약직 전문가나 엔지니어로 구성된다.

발주자의 정직원은 다른 프로젝트를 하다가 희망하거나 경영진의 지시에 따라 해당 프로젝트 팀에 합류한다. 프로젝트는 성공할 수도 있고 실패할 수도 있기 때문에 평범한 부서에서 안정적인 업무를 하는 것에

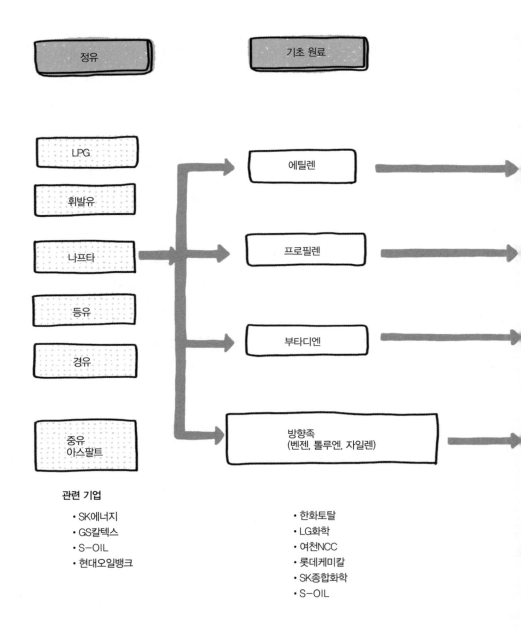

정유	기초 원료
LPG	에틸렌
휘발유	프로필렌
나프타	부타디엔
등유	방향족
경유	(벤젠, 톨루엔, 자일렌)
중유 아스팔트	

관련 기업

- SK에너지
- GS칼텍스
- S-OIL
- 현대오일뱅크

- 한화토탈
- LG화학
- 여천NCC
- 롯데케미칼
- SK종합화학
- S-OIL

그림 27 우리나라 석유화학 회사 계통도

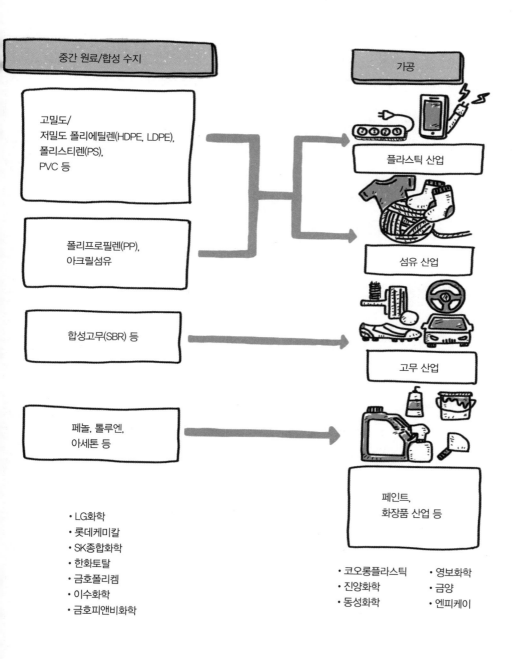

중간 원료/합성 수지

가공

고밀도/
저밀도 폴리에틸렌(HDPE, LDPE),
폴리스티렌(PS),
PVC 등

플라스틱 산업

폴리프로필렌(PP),
아크릴섬유

섬유 산업

합성고무(SBR) 등

고무 산업

페놀, 톨루엔,
아세톤 등

페인트,
화장품 산업 등

• LG화학
• 롯데케미칼
• SK종합화학
• 한화토탈
• 금호폴리켐
• 이수화학
• 금호피앤비화학

• 코오롱플라스틱
• 진양화학
• 동성화학

• 영보화학
• 금양
• 엔피케이

167

비해 리스크가 있지만, 본인의 능력을 펼쳐 보일 수 있는 중요한 기회이기도 하다. 최종적으로 프로젝트를 성공적으로 이끌면 해당 발주자의 회사에서 승승장구할 수 있다.

반면 계약직으로 합류하는 전문 컨설턴트는 다르다. 이들은 주로 고용 조건에 따라 움직이며, 그동안 쌓아온 경력을 기반으로 높은 연봉을 받고 합류한다. 능력이 좋다면 정직원보다 훨씬 많은 보수를 받으므로, 자신과 능력이 있을수록 어느 한 회사에 얽매이기보다는 이처럼 전문 컨설턴트로 일하는 경우가 많다. 경기에 따라서 일자리가 없을 수도 있지만, 이러한 리스크를 감수할수록 높은 보수를 받을 수 있다.

프로젝트 팀은 이처럼 다양한 사람이 모여서 구성되는데, 각자의 이해관계와 세부적 목표는 다를지라도 최우선 목표는 하나다. 바로 프로젝트를 성공시키는 것이다.

발주자의 프로젝트 팀이 기획하는 단계에는 사업을 추진하는 기획 담당자가 선봉장이 되어 주도하며, 기술적, 계약적, 법률적인 부분은 전문가들의 도움을 받는다. 기획 담당자는 공학을 전공하고 관련 기술적 지식이 있는 사람이 맡는 경우가 많으나, 상경 계열 출신이 맡기도 한다. 때로는 문과 계열을 전공했지만 관련 경력을 꾸준히 쌓아온 전문가가 맡기도 한다.

플랜트를 설계하고 만드는 계약자

계약자는 플랜트를 설계하고 건설하는 당사자인 회사를 의미한다. 즉, 플랜트 프로젝트가 특정 계약자에게 주어지면 그 주체가 계약자가 된다. 우리나라에서는 대표적으로 삼성엔지니어링, 현대엔지니어링, 대우건설 등이 다양한 플랜트 프로젝트를 설계하고 건설할 수 있다. 해양 플랜트의 경우 조선 3사인 현대중공업, 대우조선해양, 삼성중공업 등이 수행 능력을 보유하고 있다. 그 밖에 반도체 플랜트는 한양이엔지(주), 발전과 담수 플랜트는 두산중공업 같은 회사가 관련 사업에 특화되어 있다.

이러한 건설 엔지니어링 회사의 조직은 보통 매트릭스 형태를 띤다. 영업 부문, 설계 부문, 구매 부문, 행정 부문 등 각 업무별로 본부급으로 구성되어 있고, 해당 부문 아래는 세부적인 부서로 구성된다.

그렇다면 프로젝트는 어떻게 수행될까? 프로젝트는 보통 정해진 기간 안에 각 단계에 걸쳐서 일의 시작과 끝이 있다는 의미다. 플랜트를 운영하는 것처럼 매일 언제나 업무를 수행하는 것이 아니기 때문에, 일의 특성상 일시적으로 팀을 구성하여 일한다. 또한 프로젝트 하나가 아닌 여러 개의 프로젝트가 연쇄적으로 진행되기 때문에 이러한 점을 고려하여 효율적인 인력 배치가 필요하다. 프로젝트가 한시적이라고 해서 사람을 적시적소에 선발했다가 해고할 수도 없는데, 이 때문에 매트릭스 형태의 조직 안에서 프로젝트 팀이 별도로 구성되는 경우가 많다.

예를 들면 다음과 같다. 플랜트의 공정 시스템을 설계하는 프로세스 설계부가 있다면 이 조직은 지속적으로 유지되는 한편, 프로젝트의 시작과 종료에 따라 담당자가 선발되어 프로젝트 업무를 수행한다. 이 때문에 어떤 엔지니어는 하나의 프로젝트에만 참여할 수도 있고, 여러 프로젝트를 수행할 수도 있다. 해당 엔지니어는 프로세스 설계부라는 원래의 조직에 속해 있으면서, 특정 프로젝트 팀에도 소속되는 것이다.

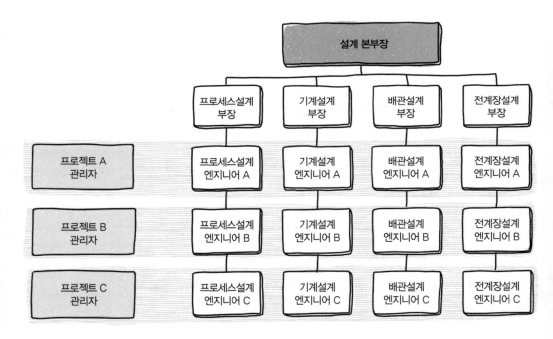

그림 28 플랜트 프로젝트 설계 조직
프로젝트와 설계 부서의 관계와 조직을 매트릭스 형태로 표현했다. 엔지니어는 각 설계 부서에 소속되어 있으면서 각 프로젝트에 소속되어 업무를 수행한다. 프로젝트가 끝나면 자연스럽게 다른 프로젝트에 소속될 것이다.

플랜트 관련 회사의 담당자, 무슨 일을 하나

일반적인 플랜트 엔지니어링 또는 관련 건설회사의 주요 조직 담당자가 하는 업무를 살펴보자.

영업 담당자 프로젝트를 수주하라

영업 담당자는 신규 프로젝트를 수주하기 위해 세계의 각종 플랜트 프로젝트를 지속적으로 모니터링하고 발굴하며 노력을 기울인다. 이들이 속한 영업 부서는 여러 팀으로 구성된다. 지역별로 플랜트 프로젝트의 특성이나 요구 조건이 다르기 때문이다. 북미 지역과 유럽 지역을 예를 들면 발주자의 성향이 다르며, 플랜트 프로젝트를 건설할 때 적용되는 각종 규제나 사양도 다르다. 그러므로 입찰을 진행하면서 각종 사항에 대응하려면 각 지역별로 알맞은 전문가가 필요하다.

영업 담당자들이 각 지역과 나라의 상황, 문화와 각종 에티켓까지도 파악하고 있어야 프로젝트를 성공적으로 수주할 확률이 높다. 회사의 기술과 능력이 뛰어나도 프로젝트 입찰 회의에서 발주자의 마음을 움직이지 못한다면 수주하지 못할 수도 있다.

프로젝트를 발굴하여 구체화하고 입찰하기로 하면 영업 부서에서 입찰 관리자인 텐더 매니저Tender manager를 선임한다. 이 입찰 관리자와 함께 업무를 보조하는 영업 담당자가 소규모 팀을 이루고, 수주를 위해 플랜트 입찰 가격 등을 산정하기 위해 설계 부문, 공사 부문 등에 공문으로 협조를 요청한다.

프로젝트 관리자 프로젝트를 수행하라

영업 담당자가 주도하여 프로젝트를 성공적으로 수주하면, 이제 프로젝트를 수행하는 주요 역할은 프로젝트 관리자가 맡는다. 프로젝트 관리 부문은 언제나 운영되는 프로젝트 일반 관리 팀과 각 프로젝트 관리자가 이끄는 다양한 프로젝트 관리 팀으로 구성된다. 일반 관리 팀은 다양한 프로젝트 관리 팀이 일을 진행하는 동안 이들을 총괄하고, 프로젝트를 수행할 때 발생하는 이해관계 등을 해결한다. 아무래도 한 회사에서 여러 프로젝트를 진행하면 인력 수급이나 공장 시설 활용이 중첩될 수 있으므로 중간에서 조율하는 부서가 필요하기 때문이다.

각 프로젝트 팀은 한시적으로 생기거나 사라지며, 대개 프로젝트가 수주되면 조직된다. 즉, 하나의 특정 플랜트 프로젝트가 있으면 이를 전담한다. 프로젝트 관리자가 선임되면 이 관리자를 보좌하며 비용, 일정, 인력 등을 관리하는 프로젝트 엔지니어가 함께 선정된다.

프로젝트가 종료되어도 프로젝트 관리부의 일부 인원이 잔류하기도 한다. 프로젝트가 끝나도 애프터서비스를 해야 하는 일이 발생하기 때문이기도 하다. 중대한 문제점이 생겨서 발주처에 지속적으로 대응할 필요가 있을 때도 그렇다.

프로젝트 관리부의 책임자인 프로젝트 관리자는 수십 년간 프로젝트를 수행한 경험이 있는 프로젝트 엔지니어나 각 부서의 핵심 인력이 맡을 때가 많다. 플랜트 프로젝트를 진행하다 보면 불확실한 상황이 많이 나타나고 이에 적시적소에 대응해야 하므로 잔뼈가 굵은 사람이 필요할 수밖에 없기 때문이다.

프로젝트 관리 부문 담당자의 전공은 매우 다양하다. 경상 계열 전공자가 맡을 수도 있고, 공학 계열 출신이 할 수도 있다. 또한 설계 엔지니어를 하거나 생산이나 운전 엔지니어를 하다가 프로젝트 관리 담당자가 될 수도 있다. 실무를 맡다가 프로젝트 관리 업무를 하면 기본적인 지식과 경험이 있으므로 좀 더 수월하게 일할 수 있다. 종종 기술적 엔지니어 업무가 적성에 맞지 않아 프로젝트 관리 쪽으로 경력을 쌓는 인력도 있는데, 발주처 및 여러 이해관계자를 상대하는 데 능숙하고 성격이 외향적이라면 더 나은 선택이 될 수도 있다.

설계 엔지니어 플랜트의 밑그림을 그려라

플랜트를 수주하면 가장 바빠지는 사람들이 바로 설계 엔지니어다. EPC의 첫 글자인 E가 설계Engineering를 의미하듯이 플랜트를 건설하기 위해 가장 먼저 시작해야 하는 단계가 바로 플랜트의 그림을 그리는 설계이기 때문이다.

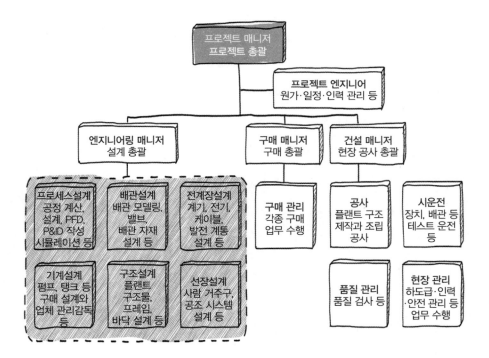

그림 29 설계 부문 조직도

플랜트 설계는 설계를 총괄하는 엔지니어링 매니저의 관리하에 다양한 설계 부서의 담당자가 수행한다.
설계 엔지니어는 구매와 건설 부문과도 정보를 주고받으며 협업해야 한다.

설계 엔지니어들이 속한 설계 부문은 크게 설계 관리 부서, 그리고 각종 전문 부서로 구성된다. 설계 관리 부서는 각 프로젝트의 설계 관리자, 그리고 설계를 진행하는 와중에 필요한 모든 공통 기술을 지원한다. 예를 들어 수없이 만들어서 발주자 및 벤더와 교신해야 하는 각종 도면과 문서를 관리하는 문서 제어Document control, 각종 설계 성과물을 관리하는 시스템을 운영하는 정보 시스템 운영 등의 공통 기술을 지원하는 일이다. 각종 전문 부서는 상세하게 플랜트를 설계하며, 프로세스 설계, 배관 설계, 전기 설계, 계기 설계, 구조 설계 등으로 이루어진다.

엔지니어
플랜트 프로젝트의 핵심 담당자

프로세스 설계 엔지니어
플랜트의 개념을 설계하라

프로세스 설계 엔지니어는 플랜트 시스템의 개념을 설계한다. 어떠한 원료나 에너지를 활용하여 제품이나 또 다른 형태의 에너지를 생산한다는 측면에서 유입물의 양과 압력이나 온도 조건, 시스템 내부와 제품과 같은 출력물의 조건들을 계산하거나 검증한다.

대부분 화학공학 전공자가 이 일을 하지만 다른 분야를 전공해도 프로세스 엔지니어가 될 수 있다. 화학공학 전공자는 학교에서 배운 지식, 즉 유체역학, 열전달, 반응공학 등의 핵심 과목에 대한 원리와 사례를 활용할 수 있기 때문에 아무래도 보다 유리하다.

프로세스 설계 엔지니어들이 소속된 프로세스 설계부는 여러 분야로 나뉘며 회사마다 다르게 구성된다. 인원이 많지 않다면 보편적으로 공정 시스템 담당, 안전 시스템 담당 등으로 나뉘고, 인원이 많은 엔지니어링 전문 회사는 엔지니어들을 특정 업무를 중점으로 하는 팀에 배치하곤 한다.

프로세스 설계 엔지니어가 담당하는 특정 업무는 공정 시뮬레이션, 장치 설계 등이다. 공정 시뮬레이션은 복잡한 플랜트 시스템 내의 각종 열과 물질 흐름을 전문 소프트웨어를 활용하여 계산하는 일이다. ASPEN Plus나 gPROMS라는 유명 상용 소프트웨어는 어느 정도 실력이 있어야 능숙하게 다룰 수 있으므로 전문가 팀을 운영하는 것이다. 즉, 업무 담당자는 각종 프로젝트에 대한 공정 시뮬레이션을 전문적으로 수행한다. 이런 업무를 하면 공정 시뮬레이션에 관한 전문가가 될 수 있지만, 다른 공정 설계 업무에서는 많은 경험을 쌓지 못할 수도 있다.

장치 설계는 각종 플랜트 프로젝트에서 활용되는 반응기, 증류탑, 펌프 등의 장치에 대한 전문 업무다. 특히 반응기나 증류탑은 다른 장치보다 복잡한 원리와 기술을 적용하므로 전문가가 설계해야 할 때가 많다.

위와 같은 특정 업무를 맡지 않는 프로세스 설계 엔지니어는 공정흐름도PFD, 공정배관계장도P&ID, 설계 기준Design basis, 공정 운전 매뉴얼, 각종 설비 계산 등의 일을 맡는다. 프로젝트가 시작되면 이를 수행할 팀이 프로세스 설계 부서 안에 꾸려지는데, 보통 리드 엔지니어 한두 명과 일반 엔지니어가 함께 구성된다.

리드 엔지니어는 프로세스 설계를 총괄하며 관리하고, 일반 엔지니어가 작성하는 문서와 도면을 검토하고 승인하며, 발주처나 타 부서 등

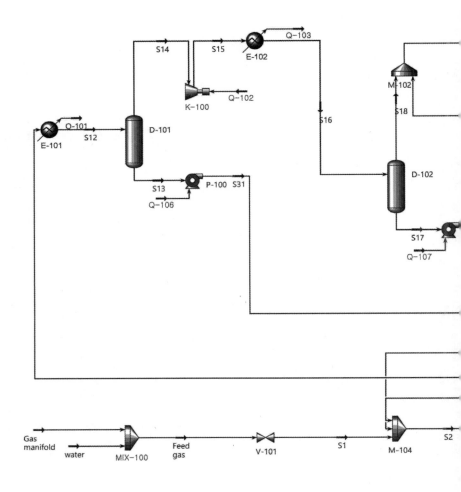

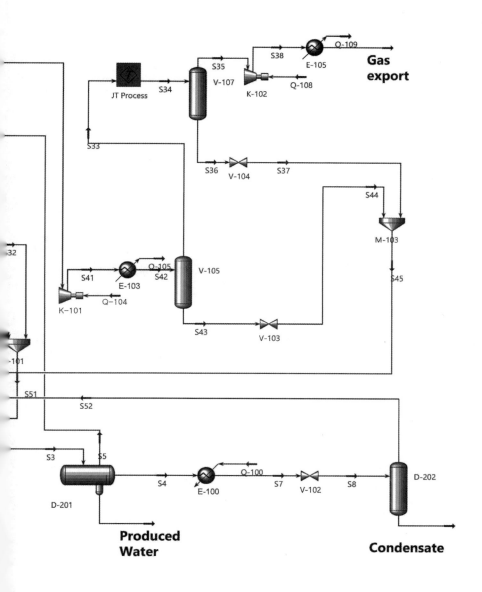

프로세스 설계 엔지니어가 주로 수행하는 공정 시뮬레이션은 어떠한 원료가 제품이 되기까지 필요한 각종 장치로 구성되는 시스템을 컴퓨터로 설계하는 것이다. 많은 물리, 화학적 계산이 필요하여 사람이 직접 하기 어려우므로 컴퓨터가 필수적이다.

에 대응하는 일을 한다. 세부적인 문서와 도면을 작성하지 않더라도 주요 사항을 파악해야 하는 동시에 많은 회의에 참석하므로 매우 바쁠 수밖에 없다. 아울러, 플랜트의 가장 큰 목표인 경제성을 위해 늘 전체적인 시스템 측면에서 검토하고 결과를 반영해야 한다. 더군다나 최종적으로 검토하고 승인하는 역할을 하므로 책임이 상당히 무겁고 스트레스도 많이 받는다.

일반 엔지니어는 플랜트의 주요 시스템을 나누어 담당하고, 필요한 설계 문서와 문서 자료를 작성한다. 경우에 따라서는 각 시스템별로 리드 엔지니어가 배정된다. 프로젝트가 여러 가지의 플랜트로 구성될 때 그렇다. 여하튼 일반 엔지니어는 각자 담당한 시스템의 각종 공정과 장치 설계를 상세히 계산하며 도면과 문서를 작성하고, 리드 엔지니어에게 검토를 요청한다.

리드 엔지니어는 수많은 문서의 상세 사항을 일일이 살펴볼 수 없기 때문에 핵심적인 부분을 주로 검토한다. 리드 엔지니어 역할을 하려면 다양한 시스템에 대한 지식과 경험이 있어야 하므로, 담당 엔지니어는 하나의 시스템만 계속 담당하는 것이 아니라 다양한 시스템을 맡으며 실력을 키워나간다. 각자의 실력과 지위에 맞게 업무를 진행하기에 합리적이기도 하지만, 실력이 좋다고 해서 반드시 리드 엔지니어가 되는 것은 아니다. 실력이 좋지 않아도 직급이나 연배에 따라 리드 엔지니어를 맡기도 하는데, 이 경우에는 프로젝트가 제대로 진행되기 어려울 수 있다. 다른 부서나 발주처와 원활하게 소통해야 하는데 이 일이 제대로 되지 않으면 마찰이 많아질 것이다. 어느 분야든 마찬가지지만 직급이나 나이에 상관없이 각자의 실력에 맞는 역할을 맡고 업무를 진행하면 프로젝트 성공 가능성이 높아질 것이다.

기본 구조 설계 엔지니어 장치와 기반을 설계하라

프로세스 설계 엔지니어와 더불어 개념적인 설계를 하는 엔지니어가 기본 구조 설계 엔지니어다. 플랜트에서 원료와 제품이 흘러가는 시스템을 프로세스 설계 엔지니어가 담당한다면, 이를 위한 장치와 설비가 설치되는 건물과 기반에 대한 설계는 기본 구조 설계 엔지니어가 한다.

플랜트의 핵심 장치 설비가 제대로 돌아가더라도 이를 지지하고 보호하는 건축물과 기초가 튼튼하지 않으면 플랜트를 오래도록 운영하기 어려울 것이다. 예를 들어 동남아 지역은 계절이 흔히 건기와 우기로 나뉜다. 우기에는 홍수가 날 만큼 비가 많이 내릴 수도 있는데, 플랜트의 기초 콘크리트 부분이 견디지 못하게 만들면 결국 플랜트 운영 자체를 멈추어야 할 수밖에 없다.

기본 구조 설계 엔지니어는 플랜트를 얹는 기반과 플랜트 뼈대를 잡는 건축 구조를 설계한다. 일반적으로 대학에서 토목이나 건축공학을 전공한 사람들이 건설 엔지니어링 회사에 입사하면 담당하게 된다.

기본 구조 설계 엔지니어의 업무를 구체적으로 살펴보자. 앞서 이야기한 대로 구조는 플랜트를 운영하는 동안 구성품들을 문제없이 지지해야 한다. 플랜트의 장치와 배관 등은 대부분 금속으로 제작되므로 매우 무거우며, 내부에 저장되거나 흘러가는 각종 물질의 무게도 상당하다.

고정되어 설치된 구성품과 저장되어 움직이지 않는 물질의 무게를 정적 하중이라고 한다. 가정의 주방에 있는 찬장이 각종 그릇들이 떨어지지 않게 지지하는 것처럼 구조물은 정적 하중을 잘 견뎌야 한다.

정적 하중과 더불어 중요하게 고려해야 하는 사항은 바로 동적 하중이다. 플랜트에서 활용하는 물질의 양은 상황에 따라 변하며, 저장량도 달라질 수 있다. 예를 들어 어떤 배관에 물질이 가득 차서 흘러갈 수도 있고 빈 상태일 수도 있다. 그러므로 물질이 가득 차서 가장 무거운 상태를 견딜 수 있도록 구조물을 설계하고 제작, 설치해야 한다. 탱크의 경우도 재고가 많아서 가득 차거나 반대로 텅 비어 있을 수도 있는데, 가득 찬 상태를 견딜 수 있어야 한다.

동적 하중을 계산할 때는 물질의 흐름에 따른 변화도 고려해야 한다. 배관 내에서 많은 물질이 빠르게 흘러갈 때 굽은 구간이 있으면 흐름의 방향이 바뀌면서 특정 부분에 동적 하중이 커질 수 있으므로 해당 부분을 미리 강하게 보강해야 한다. 이때 설비를 지지하는 주요 구조물은 기본 설계 단계에서도 고려하겠지만, 파이프 자체를 지지해주는 배관 서포트Support는 배관 설계부에서 담당하므로 두 부서가 함께 해당 사항을 고려해야 한다.

이렇게 기본 구조 엔지니어는 정적 하중과 동적 하중을 고려하여 계산하며, 프로젝트를 진행하는 동안 바뀌는 하중을 계속 추적하여 반영해야 한다. 장치나 배관이 늘어났는데도 불구하고 기본 구조 설계에서 이를 고려하지 않는다면 결국 해당 부분에 문제가 생겨 최악의 경우에는 구조물이 무너져버리는 참사가 일어날 수도 있기 때문이다.

기계 설계 엔지니어 기계장치를 설계하라

기계 설계 엔지니어는 대부분 기계공학 전공자가 담당하며, 플랜트에 설치되는 각종 기계장치를 설계한다. 플랜트 기계장치의 종류는 크게 세 가지로 나뉜다.

첫 번째는 거치형 기기Stationary equipment다. 용기, 탱크, 열교환기 등과 같이 보통 상태에서는 움직이지 않거나 외부의 동력이 필요한 정적인 설비이다. 이 중에서도 열교환기는 내부 구조가 상당히 복잡할 수 있으며, 최대의 효율을 내려면 여러 설계 원리를 적용해야 하므로 전문가가 필요하다.

플랜트에서 가장 많이 활용하는 셸 및 튜브형 열교환기나 판형 열교환기는 내부 구조에 따라 열교환 효율이 달라지기 때문에 전문 시뮬레이션 프로그램으로 설계한다. 이 프로그램을 활용하면 적합한 열교환기 종류를 자동으로 추천해주며, 가장 적은 비용으로 원하는 크기의 열교환기를 만들도록 설계해준다.

두 번째는 회전식 기기Rotationary equipment다. 거치형 기기와 달리 이 기기는 평소 운전할 때 움직인다. 대표적으로 펌프, 압축기 그리고 사이클론 등이 있다. 펌프와 압축기는 플랜트에서 활용하는 동력 장치의 양

	Tag number : V-100 Unit : ABC N of units : One		
1			*GENERA*
2	*Design Code and Specification* : ASME VIII Div.1		
3	*Internal Diameter* :	1000	mn
4	*Boot height*	NA	mr
5	*Operating temperature*	Amb	℃
6	*Min/Max Design temperature*	-29 /70	℃
7	*Operating pressure*	10	bar
8	*Design Pressure*	Full Vacuum /15	bar
9	*Hydro Test Pressure* :		
10	*Shell Thickness* :	12	mr
11	*Head Thickness* :	10	mr
12	*Corrosion Allowance* :	3	mr
13	Joint Efficiency Shell /Head:	1	
14	*Internals* : inlet diverter		
15			
16			
17	*Fireproofing* :	On saddles by OTHERS	
18	*Insulation* :	No	
19	*External Painting* :	Yes	
20	*Pickling and passivating* :	All stainless steel parts(if any)	
21	*Stress Relieve* :		
22	*Radiography* :	100% X-rays all butt welds	
23	*Ultrasonic testing* :		
24	*Inspection* :	YES	
25	*Stamp* :	No	
26	*Empty weight* :	2.2	t
27	*Operating weight (LAH)* :	4.4	t
28	*Test weight* :	9.9	t
29	*Capacity* :	7.0	m

Length (TL/TL) :	3000	mm
Boot diameter	NA	mm

SETTING PLAN

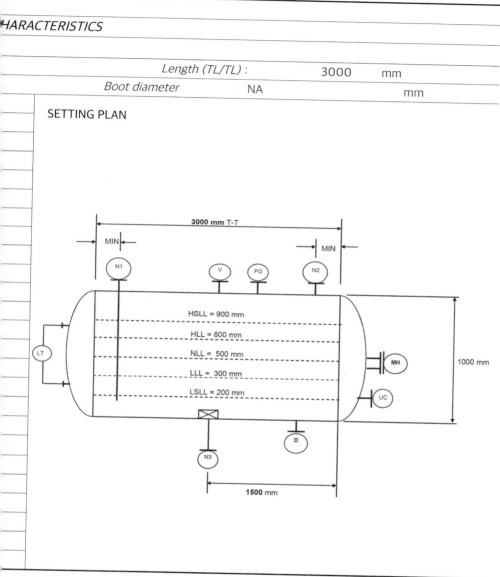

그림 31 기계 설계 엔지니어의 주요 업무

데이터시트는 장치를 구매하기 위해 작성하는 문서다. 장치를 어떠한 조건으로 설계하고 운전해야 하는데 필요한 부속품은 무엇인지를 상세하게 기재한다. 이 문서를 벤더에게 전달하여 구체적으로 설계한 후 플랜트 장치를 제작한다.

대 산맥이라고 볼 수 있다. 그만큼 많이 활용되며 전문적인 설계 기술이 필요하다.

이 장치들은 전기나 기타 동력을 통해 계속 움직이므로 신경 써야 할 사항이 많다. 움직일 때 가스나 액체가 새어 나오지 않게 해야 하며, 여러 상황에서 운전하는 데 문제가 없도록 설계해야 한다. 특히 펌프는 유체의 조건에 따라 내부 형상이 많이 달라질 수 있는데, 정지되어 있는 기기와 회전하는 기기가 복합적으로 구성되기 때문에 이들이 만나는 부분에서 유체가 새지 않도록 실링 같은 내부 구조가 필요하다. 만약 액체에 모래 등의 이물질이 섞여서 들어오면 실링을 위해 모래를 미리 걸러 주는 장치가 필요하며, 액체가 쉽게 과열되면 적절하게 냉각해야 한다.

압축기는 가스의 압력을 높이는 데 활용하는 장치인데, 펌프보다 구조가 더 복잡할 때도 있다. 액체와 달리 가스는 압력에 따라 온도와 상태가 크게 달라질 수 있기 때문에 내부 장치가 복잡하게 구성되며, 열교환기나 보조 가스 등 많은 유틸리티가 필요하다.

기계 설계 엔지니어가 담당하는 세 번째 장비는 발전기 같은 복잡한 장치다. 앞서 살펴본 펌프, 압축기는 단일 장치로 볼 수 있지만, 발전기는 단일 장치를 복합적으로 구성한 설비다.

발전기는 가스나 액체 상태의 연료를 활용하여 플랜트에 필요한 전기를 생산하는데, 플랜트 내의 작은 플랜트라고 할 정도로 구성이 복잡하다. 버너, 압축기, 터빈 등 전기를 생산하는 주요 장치뿐만 아니라 연료 공급 시스템, 공기 공급 시스템 등 다양한 설비로 구성된다. 대형 발전기를 제작하고 공급하는 업체는 세계에서 손꼽힐 정도로 적다. 이러한 설비를 장납기 품목이라고도 부르는데, 납기가 오래 걸리므로 발주자가 입찰 설계를 할 때부터 벤더 하나를 선정해서 미리 설계를 진행한다. 일반적인 플랜트 EPC 공사는 계약 후부터는 계약자가 책임을 진다. 그러나 장납기 품목은 입찰 때부터 발주자가 담당하기도 했고, 잘못되면 플랜트 운영에 큰 지장을 줄 수도 있어 계약 후에도 발주자가 해당 설비를 담당하는 경우가 많다. 만약 수급받지 못한다면 대안이 거의 없으며 플랜트를 운전하지 못할 수도 있는 주요 설비이므로 기계 설계 중에서도 가장 중요하다.

배관 설계 엔지니어 장치와 장치를 연결하라

배관 설계 엔지니어는 장치와 장치를 연결하여 원료가 제품이 될 때까지 흐르는 배관과 그 사이의 각종 배관 부속품을 설계한다. 배관 설계 부서에는 기계공학 전공자가 많으며, 주로 세 개의 팀으로 구성된다. 첫 번째 팀은 배관 자체를 설계한다. 즉, 어떤 장치와 또 다른 장치를 연결하는 배관을 설계하며, 어떻게 하면 프로세스 설계 엔지니어가 요구하는 대로 설계하면서 주어진 공간에 효율적으로 배관을 배치할지를 고민하고 반영한다.

과거에는 일일이 손으로 도면을 그려가면서 설계했지만 요즘은 컴퓨터 프로그램을 이용한다. 3D 모델링 프로그램이라고 불리는 PDMS, PDS 등이 플랜트 설계를 전문적으로 할 수 있는 프로그램이다. 이 프로그램은 대부분의 플랜트 구성 장치나 밸브, 그리고 각종 배관과 부속품의 형상을 라이브러리 형태로 제공하므로 필요한 것을 선택하여 화면상에 배치하고 입체적으로 설계할 수 있다.

배관 설계뿐만 아니라 전기, 계장, 그리고 구조 설계 엔지니어도 이 프로그램들을 활용하는데, 여러 사람이 접속하여 실시간으로 작업할 수 있어서 빠르게 설계할 수 있는 것이 장점이다. 이미 정해져 있는 형상뿐만 아니라 플랜트마다 달라지는 각종 장치와 설치를 만들어 활용할 수도 있다.

3D 모델링을 담당하는 배관 엔지니어는 프로세스 설계 엔지니어가 작성한 공정배관계장도인 P&ID를 기준으로 플랜트 모델링을 진행한다. P&ID에 있는 장치에 대한 세부 사항은 기계 설계부로부터 벤더 데이터(설계 도면, 문서) 등을 받아서 반영하고, 배관이나 밸브, 관련 부속품은 P&ID에 나타난 대로 모델링한다. P&ID는 풀어서 쓰면 Piping and instrumentation diagram인 만큼 기계장치는 모델링을 할 수 있을 정도로 상세하게 표현되어 있지 않고, 시스템을 구성하는 배관과 계장은 상세하게 표현되어 있다.

배관 설계 엔지니어는 P&ID를 완벽하게 해석할 수 있어야 한다. P&ID에는 각종 그림이 많을 뿐만 아니라 요구 조건을 글로도 적어두기 때문에 이것도 꼼꼼하게 검토해야 한다. 예를 들어 어떤 배관에 반드시 경사를 두어야 한다는 요구 조건이 표현되어 있다면, 이에 맞게 배관을 배치해야 한다. 보통 가스를 방출하고 태우는 플레어나 플랜트 안의 각종 오·폐수를 처리하는 드레인 시스템의 배관에는 물이 고이면 안 된다는 요구 조건이 따르는데, 이 경우에는 각별히 유의해야 한다. 만약 P&ID에 나타나 있는 요구 조건을 간과하거나 누락하면 차후 수정할 때 많은 노력이 필요할 수도 있기 때문이다.

P&ID에 표현된 요구 조건 중에는 현실적으로 반영하기 어려운 것도 있을 수 있다. 예를 들어 어떤 밸브가 있으며 운전원이 여기에 언제나 접근할 수 있어야 한다는 요구 조건이 있다고 가정해보자. 실제로 3D 모델링을 해보면 이것이 도저히 불가능할 수도 있다. 이때는 프로세스 설계 엔지니어와 협의하여 해당 조건에 대한 대안, 즉 자동 밸브로 바꾸거나 혹은 운전원이 언제나 접근할 있어야 한다는 조건을 삭제하는 등의 대책을 논의해야 한다. 이러한 경우는 비일비재하기 때문에 프로세스 설계 엔지니어와 배관 설계 엔지니어는 설계 기간 동안 많이 논의하면서 개선해간다.

3D 모델링뿐만 아니라 배관 설계 엔지니어가 하는 또 다른 역할은 배관 관련 자재를 설계하고 구매하는 일이다. 배관 자재 중 대표적인 것은 바로 밸브다. 밸브는 수동과 자동으로 나눌 수 있고, 종류가 매우 다양하다. 크기가 다양하고 종류까지 많으니 각각의 특성에 맞도록 설계하고 구매해야 한다. 특히 자동 밸브에는 단순히 열고 닫는 온/오프On/off 밸브뿐만 아니라 미세하게 유량을 조절하는 컨트롤 밸브도 있다. 각종 가스나 액체 혹은 혼합 유체의 특성을 정확히 이해해야 컨트롤 밸브의 크기 등의 세부 사양을 올바르게 반영하고 제작할 수 있다.

앞서 살펴본 바와 같이 플랜트는 다양한 운전 조건과 비상 상황에 원활하게 대처할 수 있도록 설계해야 한다. 특히 컨트롤 밸브는 밸브로 유

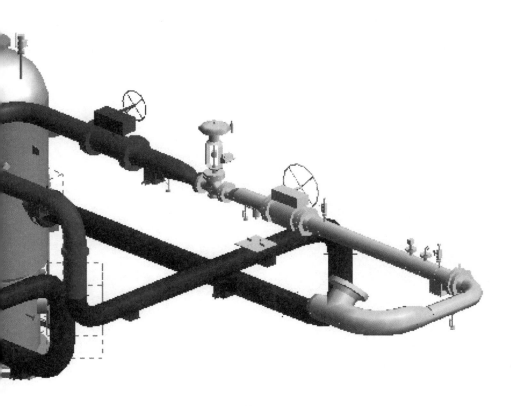

그림 32 배관 설계 엔지니어의 주요 업무

3D 모델링은 컴퓨터 프로그램으로 플랜트를 실제 형상처럼 설계하는 작업이다. 프로세스 설계에서 도출되는 P&ID를 기반으로 수행한다. 이 작업을 통해 구성 설비를 실제로 어떻게 설치해야 하는지를 직관적으로 설계할 수 있다. 플랜트 설비가 점점 복잡해지는데도 불구하고 빠르게 설계하고 건설할 수 있는 이유는 3D 모델링 덕분이다.

입되거나 나가는 유체의 상태와 조건이 매우 다양하므로 모두 대응할 수 있도록 설계해야 한다.

물론 그러한 상태와 조건에 대한 자료는 프로세스 설계 엔지니어가 정해주지만 배관 설계 엔지니어는 관련 사항뿐만 아니라 재질, 구조 등을 모두 기재한 데이터시트를 만들고 이를 통해 밸브를 구매해야 하므로 전문 지식이 있어야 한다.

밸브뿐만 아니라 배관 자체에도 신경 쓸 것이 많다. 배관은 크기, 재질, 두께 등이 매우 다양하므로 구매하려면 상당한 노력을 기울여야 한다. 만약 어떤 배관을 설계하고 구매, 입고했는데 사양이 잘못되면 모든 것을 새로 구매해야 할 수도 있다. 뿐만 아니라 더 큰 문제는 배관 자재를 당장 입고시킬 수 없다면 플랜트 건설 계획에 큰 차질이 생길 수도 있다는 점이다.

배관 설계 엔지니어의 또 다른 역할은 스트레스 계산과 장치 핸들링에 관한 업무다. 스트레스 계산은 배관을 설치한 후 플랜트를 운전할 때 배관에 미치는 각종 응력 등의 힘을 계산하고, 이 힘을 견딜 수 있도록 배관의 지지대를 설계하는 것이다. 배관 내부에서 액체와 가스가 섞인 혼합물이 흘러갈 때 유체가 불규칙하게 유동하여 진동이 생기면 상당한 힘을 가할 수 있는데, 지지대를 제대로 설치하지 않으면 배관 구조물이 파손될 수 있다. 그러면 누출 같은 대형 사고가 일어날 수 있다.

장치 핸들링은 여러 장치나 배관을 작업자들이 설치하고 유지보수 작업을 할 때의 동선을 파악하고 이 작업을 돕는 크레인이나 기중기 등의 장치를 설치하기 위해 설계하는 일이다. 회사에 따라서 이 업무는 기계 설계 분야에 속할 수도 있다. 이 업무의 주목적은 장치와 배관을 원활하게 조작하는 것이다. 예를 들어 복잡한 플랜트 내의 어느 장치가 고장 나면 그 장치를 분해하고, 필요하면 외부로 들어내야 할 것이다. 플랜트는 무척 복잡하게 구성되어 있기 때문에 잘못하여 다른 장치나 설비와 부딪히면 사고가 일어날 수도 있으므로 관련 조건을 상세하게 고려해서 원활하게 이동시킬 수 있도록 장치들을 설계해야 한다.

전기와 계장 설계 엔지니어
플랜트에 전기를 공급하라

전기와 계장 설계 엔지니어는 한 부서에서 함께 일하는 경우가 많은데, 이들은 말 그대로 플랜트의 전기와 계기에 관한 설계를 담당한다. 전기전자공학이나 제어계측공학 전공자가 주로 담당하는데, 하나의 부서에 배치되더라도 전기나 계기 각각의 팀은 별도로 나뉜다.

전기 설계 엔지니어는 플랜트의 발전기 용량, 관련 장치로 발전기가 전기를 공급할 때 필요한 배선들을 설계한다.

이들이 챙겨야 하는 중요한 사항은 바로 경우에 따라 달라지는 총전력량을 예측하고 비상 전원을 설계하는 일이다.

플랜트는 상시 전력과 비상 전력 공급원이 별도로 구비되어 있다. 대형 장치와 설비는 상시 전력으로 구동되며, 이러한 전력이 공급되지 않으면 정지한다. 보통 정지해도 플랜트의 안전에 문제가 없다면 상시 전

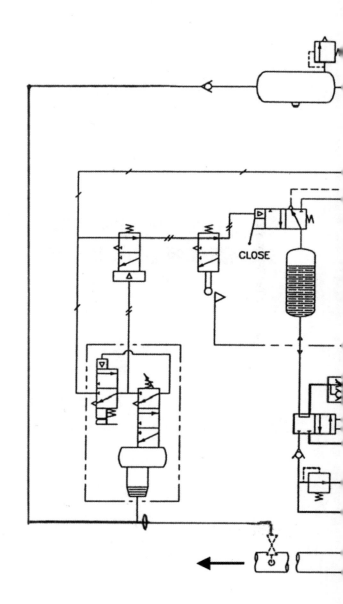

CLOSE

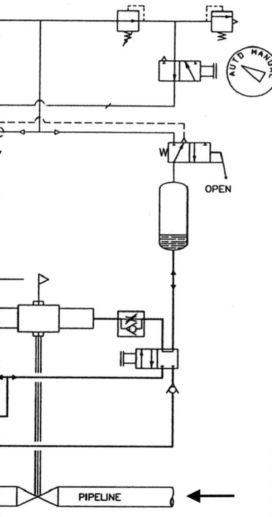

AUTO MANUAL

OPEN

W

PIPELINE

그림 33 전기와 계장 설계 엔지니어의 주요 업무

P&ID에는 간단히 표현되어 있는 밸브도 내부를 보면 복잡한 장치와 논리 구조 등으로 구성되어 있는데, 이에 대한 설계를 전기와 계기 설계 엔지니어가 담당한다.

력만 고려한다. 그렇지만 플랜트에 중대한 사고가 발생하여 상시 전력 공급이 불가능하더라도 반드시 전력을 공급해야 하는 설비에는 비상 전원을 공급해야 한다. 갑자기 구동이 정지되면 설비 자체의 성능을 보장할 수 없는 경우 혹은 플랜트에 큰 문제가 생겼을 때 인원이 탈출하기 위해 최소한으로 필요한 전력, 공기 압축 시스템처럼 주요 밸브를 움직이는 데 필요한 필수 유틸리티 설비를 구동하는 전력 등이 비상 전력 시스템과 연결된다.

비상 전력은 상시 전력에 문제가 생기더라도 배터리와 비상 발전기를 통해 바로 구동되도록 설계, 제작한다. 문제가 생긴 이후 플랜트를 빠르게 정상화하기 위해 가능하면 많은 장치와 설비를 상시 전력에 연결하면 좋겠지만, 그만큼 비용이 많아지므로 비상 전원 시스템은 필수 설비를 위해 최소한으로 제공하도록 되어 있다.

전기 설계 엔지니어는 플랜트의 모든 전기 관련 설비를 조사하여 파악하고, 일목요연하게 리스트를 작성하여 구성하고 합산한다. 그러면 상시 전력과 비상 전력 소요량이 결정된다. 이에 따라 주 발전기와 비상 전원 발전기의 용량을 정하여 설계하고 제작한다.

계기 설계 엔지니어는 플랜트의 각종 상태와 조건을 감지하고 제어하는 구성품과 시스템을 설계한다. 기본적으로 배관 내에 유체가 흘러갈 때의 압력, 온도, 유량을 측정하는 각종 압력계, 온도계, 유량계 등의 구성품을 설계한다. 내부 유체의 상태와 조건에 대한 정보는 프로세스 설계 담당자로부터 받을 수 있지만 다른 자세한 사항은 계기 설계 엔지니어가 담당한다. 이 모든 정보를 데이터시트라는 문서에 취합한 후 관런 벤더에게 송부한다.

요즘 건설되는 플랜트는 대부분 자동화되어 있다. 계기의 각종 신호를 컴퓨터가 감지하고 이를 다시 각종 장치와 자동 밸브 같은 설비에 전송하여 제어하는데, 이러한 시스템도 계장 엔지니어가 담당한다. 신호가 전송되려면 전송 케이블을 설치해야 하므로 케이블 배치를 3D 모델링에 반영하기도 한다.

상세 구조 설계 엔지니어 3D 모델을 구현하라

상세 구조 설계는 기본 구조 설계 엔지니어와 배관 설계 엔지니어의 업무와 밀접하다. 기본 구조 설계 엔지니어가 개념 설계와 계산을 주로 한다면, 상세 구조 설계 엔지니어는 그러한 사항을 실제로 3D 모델로 구현한다.

3D 모델링을 담당하는 상세 구조 설계 엔지니어는 이를 주관하는 배관 설계부와 밀접하게 업무를 진행한다. 실제로 장치나 배관 등의 세부적인 3D 모델링을 하기 전에 우선 플랜트의 틀인 구조를 구현해야 한다. 그렇지만 구조를 설계하기 위해서는 거꾸로 장치와 주요 굵직한 설비의 무게와 크기를 고려해야 하니, 이러한 정보를 기계 설계 담당자와 배관 설계 담당자로부터 받아서 반영한다. 이렇게 설계에 무조건 선행 관계가 있기보다는 서로 정보를 주고받으며 유기적으로 업무를 진행해야 여러 가지가 불일치하는 등의 문제점을 줄일 수 있다.

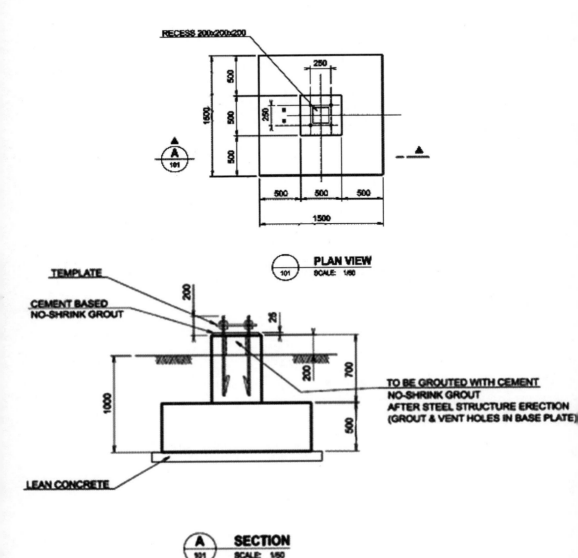

그림 34 상세 구조 설계 엔지니어의 주요 업무

상세 구조 설계 엔지니어는 플랜트의 각종 장치를 설치할 때 지탱해주는 기반과 구조물을 설계한다. 콘크리트의 두께가 얼마나 되어야 하는지, 구조물은 어느 정도 깊게 설치해야 하는지 등 구조물의 상세 설계를 담당한다.

견적과 구매 담당자 엔지니어를 뒷받침하라

여기서 살펴볼 것은 EPC란 약자에서 두 번째인 P에 해당하는 구매Procurement 담당자들이다. 구매에 관한 일은 각종 장치와 설비의 벤더와 직접 교신하는 견적과 구매 담당자뿐만 아니라 설계 엔지니어와도 밀접하게 연관되어 있다. 특히 주요 대형 장치를 설계하는 기계 설계 부서의 담당자는 구매 과정에서 많은 노력을 기울인다.

구매 담당자가 주로 벤더의 재무 상태나 전반적인 과정을 신경 쓴다면, 설계 엔지니어는 기술적 사항을 잘 검토하고 반영해야 한다. 벤더가 워낙 다양하다 보니, 플랜트에 필요한 장치와 설비에 대해 입찰을 부치면 매우 많은 후보 업체가 관심을 보이며 참여한다.

일반적으로 플랜트에서 많이 사용되는 압력 용기나 펌프 등은 종류가 많고 판매하는 회사도 다양하다. 각종 장치를 구매할 때는 가장 저렴한 가격을 제시하는 업체를 선정해야 하겠지만, 기술적으로도 문제가 없어야 하므로 세밀하게 검토한다.

플랜트를 구성하는 주요 장치뿐만 아니라 밸브, 계기, 배관 등은 크든 작든 각자 플랜트에서 중요한 역할을 하므로 견적과 구매 업무에서는 발주처의 엄격한 검토도 반영한다. 중요한 품목은 아예 발주처가 특정 업체 리스트를 제공하고 그중에서만 선정해야 한다고 주장하는 경우도 있다. 이 리스트를 벤더 리스트라고 하는데, 해외 플랜트의 경우 당연히 업력이 오래된 주요 해외 업체가 대다수 포함된다.

우리나라 업체들이 플랜트 EPC 사업을 크게 하더라도 관련된 플랜트 구성품은 대부분 해외에서 들여오는 경우가 많다. 이 때문에 우리나라의 벤더 업체들은 해당 벤더 리스트에 들기 위해 부단히 노력해왔다. 그렇지만 발주처가 보수적이므로, 기술력이 뛰어나도 이미 정해져 있는 리스트에 들어가기가 여간 어려운 일이 아니다.

사업 시기도 맞아떨어져야 발주처의 인정을 받을 수 있는데, 이에 관한 일화가 있다. 우리나라에 심리스Seamless 스테인리스 배관을 전문적으로 제작하는 배관 벤더가 있는데, 국내에서는 인정받았지만 해외 플랜트 사업 진출에서는 고전하고 있었다. 심리스 스테인리스 배관은 모든 부분을 같은 두께로 제작해야 한다. 이 배관은 플랜트에서 부식될 우려가 높은 곳에 쓰이기 때문에 발주처에서는 플랜트에 적용한 경험이 많은 해외 업체의 제품만 계속 활용하고 있었다. 2000년 후반 플랜트 산업이 호황이던 시기에 해당 해외 업체 제품이 너무 잘 팔려서 수급이 어려웠고, 발주처는 당장 그 자재를 구하지 못하면 플랜트 제작이 지연되는 문제와 맞닥뜨렸다. 발주처는 어쩔 수 없이 우리나라 심리스 스테인리스 배관 업체를 찾았다. 이 업체의 기술력은 문제가 없었으므로, 방문한 발주처는 믿음을 얻었다. 이 업체는 결국 해외 대형 발주처의 벤더 리스트에 포함되었고, 자재를 납품하여 해외 플랜트 사업에 진출했다.

이렇듯 한 번 설치하면 수십 년 동안 활용하는 자재의 견적과 구매 단계에는 다양한 이해관계자가 참여하며, 이 일은 플랜트를 제작하는 과정에서 중요한 단계 중 하나다.

건설 담당자 플랜트를 조립하라

이제 건설, 즉 EPC에서 마지막 알파벳인 C가 의미하는 건설 Construction 담당자에 대해 살펴보자. 건설 단계에는 매우 다양한 부서와 사람들이 일하기 때문에 일정한 소수의 '건설 담당자'가 있는 것은 아니다.

건설 단계에서 하는 주요 업무부터 살펴보자. 우선 설계와 구매 업무를 통해 다양한 장치와 설비가 건설 현장에 속속 도착하면 이를 조립해야 할 것이다. 육상 플랜트를 건설할 때 가장 먼저 하는 것은 기초 지반을 다지는 일이다. 건물을 지을 때 기초 지반을 만드는 과정이 상당히 오래 걸리고 막상 건물이 올라갈 때는 생각보다 빨리 완성되는 것처럼 보이는데, 플랜트 역시 기초 지반에 신경을 많이 써야 한다. 플랜트 전체를 지을 때의 면적과 무게 등의 모든 면을 고려하여 지반을 설계하고 건설해야 한다.

본격적인 건설 과정에 들어가면 체계적으로 계획하여 가능한 한 빨리 진행해야 하는데, 특히 해외 현장에서는 지역 특색에 따라 일을 진행한다. 예를 들어 동남아 플랜트 공사의 경우 우기 중에는 기초 기반 공사를 할 때 콘크리트가 제대로 굳기 어려우므로 우기를 피해서 진행해야 한다. 러시아처럼 겨울에 해가 빨리 지는 국가에서는 주간에 집중해서 일한다.

이러한 일정 측면의 어려움 외에 건설 단계에서 가장 힘든 사항 중 하나는 인력 관리다. 많은 현장 인력이 투입될 뿐만 아니라 다양한 국가의 사람들이 참여하는 경우가 많으므로 관리자의 역량이 매우 중요하다. 보통 현장 인력의 경우는 하청을 줄 때가 많은데, 아무래도 이들은 프로젝트의 성패보다는 본인에게 주어진 일을 해결하고 돈을 벌어 가는 것이 주요 목적이기 때문에 관리자가 제대로 관리하지 않으면 업무가 제대로 진척되지 않을 뿐만 아니라 각종 사고가 발생할 수 있다.

사고에는 작업자가 신체적으로 겪는 문제 외에 플랜트의 품질 저하 등도 포함된다. 작업자가 제대로 된 지침에 따라 일하지 않고 제멋대로 주요 배관과 장치를 용접했다고 가정하자. 건설 과정에서 발견한다면 좋겠지만 차후에 플랜트를 운전하다가 큰 사고가 일어날 수도 있다. 보통 우리나라 건설 엔지니어링 회사가 해외에 플랜트를 건설하면 현장 감독을 위한 관리자 여러 명도 파견하는데, 이들은 척박한 해외 환경에서 언어도 제대로 통하지 않는 사람들과 일하느라 고생하는 경우가 많다. 그렇지만 우리나라 회사의 관리 능력은 상당히 우수해서 여러 차례 기적이라고도 불리는 신화를 창조했다.

예컨대 해외 건설 플랜트 업계에서 꼽는 역대 최대의 건설 플랜트 공사 중 하나인 푸자이라 담수 플랜트 프로젝트를 들 수 있다. 두산중공업이 아랍에미리트에 건설한 이 플랜트는 담수 플랜트로는 세계 최대 규모를 자랑하며, 두바이 인구의 25퍼센트 이상이 사용할 물을 생산한다. 건설 금액도 8억 달러로 최대 규모였다. 두산중공업은 플랜트 제작 기간을 단축하여 22개월 만에 성공적으로 담수를 생산했다. 한국에서 거대한 모듈을 미리 제작해서 현장에 가져가는, 당시로는 획기적인 방법으로 공사를 진행했다. 아랍에미리트처럼 국토가 대부분 사막인 척박한 환경에서 이렇게 빠르고 안전하게 담수 플랜트를 건설한 사례는 드물다. 국적이 다양한 수많은 사람이 참여했지만 두산중공업은 프로젝트를 잘 관리하여 기적 같은 사례를 일구어냈다. 자연 환경이 열악할 뿐만 아니라 국적과 언어가 다양한 사람들이 프로젝트에 참여해서 관리하기가 어려웠겠지만, 치밀하고도 체계적으로 관리하여 중대 재해 없이 프로젝트를 완료한 사례를 보면 우리나라의 관리 능력이 얼마나 뛰어난지를 알 수 있다. 이러한 성공을 통해 두산중공업은 한동안 중동 지역의 담수 플랜트를 많이 수주할 수 있었다.

또 다른 예를 들면 2000년대 후반에 대림산업(현재 DL이앤씨)이 수행한 사우디아라비아의 국영 석유회사 플랜트 프로젝트가 있다. 이 프로젝트 역시 국적이 다양하고 수많은 현장 인부를 잘 관리하는 한편 체계적이면서 치밀한 계획을 통해 공기를 대폭 줄여 극찬을 받았다. 대부분의 플랜트 프로젝트는 정해진 기간보다 빠르게 건설하면 그만큼 발주자가 플랜트를 빨리 운영하고 제품을 생산할 수 있기 때문에 수익을 극대화할 수 있다. 그렇게 프로젝트 하나하나를 성공시키다 보면 소문이 나서 다른 발주자도 자연스럽게 우리나라 건설회사 및 엔지니어링사를 믿고 프로젝트를 맡기게 된다.

시운전 담당자 플랜트의 시동을 걸어라

플랜트 건설 단계에 관한 이야기로 돌아가자. 플랜트 장치 조립 등이 어느 정도 끝나면 다음 단계에서는 플랜트를 테스트 운전한다. 플랜트를 만드는 과정을 공사 관리자와 담당자가 담당했다면 시운전은 시운전 담당자가 수행한다. 시운전 부서에 소속된 이들은 보통 시운전 관리자와 운전원들로 구성된다. 전기, 계기, 장치 등의 설계자와 비슷하게 자기 분야의 전문가들로서 각자의 분야에 맞게 투입된다. 그리고 담당한 장치와 설비를 하나하나씩 구동한다.

시운전 단계에서 가장 먼저 테스트하는 설비는 전기, 용수 같은 필수 유틸리티 설비다. 이 설비들이 제대로 운전되지 않으면 주요 공정을 돌릴 수 없기 때문이다.

각 시운전 담당자는 미리 준비된 시운전 절차서에 따라 각종 테스트를 한다. 시운전 절차서의 핵심 개념은 프로세스 설계부에서 매뉴얼 형태로 만들며, 이에 기반하여 시운전 절차서 담당자가 초보자도 금방 따라 할 수 있게 작성한다. 'A 밸브와 B 밸브를 차례로 연 다음 C 장치 구동 버튼을 누르고 그다음으로는 D 펌프를 기동해야 한다'라는 식으로 상세하게 작성한다.

매뉴얼에 따라 테스트해서 정상적으로 가동되면 괜찮지만, 시운전 단계에서는 각종 돌발 상황이 발생한다. 물을 이송시키는 펌프를 구동했는데 물이 흐르지 않고 압력만 높아진다면 펌프 후단에 뭔가 막혀 있는 등 문제가 생겼다는 뜻이므로 일단 정지하고 그 안을 들여다보며 조치를 해야 한다. 각종 연장이나 작업복 등으로 배관이 막혀 있는 경우도 있는데, 건설 과정에서 작업자가 모른 채 용접해버렸다는 의미다. 여하튼 유해 화학물질이 본격적으로 내부에서 흐르기 전에 물이나 공기처럼 안전한 물질로 시운전해야 한다.

앞서 살펴본 바와 같이 건설 단계에는 현장 관리, 건설 시공 관리, 품질 관리, 그리고 운전 담당자가 주요 역할을 한다. 아무래도 많은 장치 설비와 인력을 관리하고 이끌어야 하므로 통솔력 있는 사람이 적합하다. 운전 담당자의 경우 전체 시스템을 가동한다면 화학공학, 특정 기계 장치를 운전한다면 기계공학, 전기나 제어 설비를 운전한다면 관련 전기전자공학 전공자가 배치되는 것이 일반적이지만, 전공이 다르더라도 지식과 경험이 있다면 경력에 따라 배치되곤 한다.

벤더
장치와 기자재 생산

지금까지 플랜트 프로젝트의 주인인 발주자, 플랜트를 설계하고 건설해 주는 계약자, 그리고 주요 역할을 하는 사람들을 살펴보았다. 그렇다면 주요 주체 중 하나인 벤더 회사의 주요 담당자들은 어떤 역할을 할까?

벤더는 플랜트에 설치하는 각종 장치와 기자재를 전문 생산하는 업체다. 장치를 예로 들면 펌프, 압축기, 발전기, 열교환기 등 각각을 설계하고 제작한다. 배관이나 전계장 관련 기자재도 마찬가지다. 밸브, 트랜스미터, 계기 등을 만들고, 경우에 따라서는 밸브 중에서도 몇 가지만을 전문적으로 다룬다.

개별 품목에 집중하여 전문적으로 만드는 벤더도 있지만 패키지 설비를 다루는 벤더도 있다. 예를 들어 플랜트에서 나오는 오물을 집중적으로 처리하는 패키지가 있다면 이 설비에는 단일 장치가 아니라 펌프, 탱크, 각종 배관과 계기를 모두 설치해야 한다. 이 설비는 규모가 작고 단순하지만 어찌 보면 또 다른 플랜트인 셈이다.

대형 건설 엔지니어링 회사들은 업무를 효율적으로 진행하기 위해 패키지 설비를 통째로 구매하여 플랜트의 한 부분에 설치한다. 주변으로부터 전력을 공급하기 어려워 자체적으로 전기를 생산해야 하면 발전 패키지 설비를 구매하여 설치한다. 발전 패키지를 전문적으로 다루는 유명 업체는 독일의 지멘스, 미국의 베이커휴즈 등이 있는데, 패키지 자체가 복잡하여 다른 업체가 진입하기 어렵기 때문에 그만큼 이익도 많이 낸다. 우리나라도 일부 대기업에서 패키지 설비를 제작, 납품하지만 해외 회사들이 주도하고 있기 때문에 일반인들은 다소 생소하게 여긴다.

벤더의 조직은 품목의 종류에 따라 정해지는데, 설비 패키지를 납품하는 업체의 경우 건설 엔지니어링 계약자와 구성이 비슷하다. 장치를 설계하는 엔지니어, 관련 기자재를 구매하는 담당자, 이를 조립하여 패키지로 만드는 담당자 등이다. 따라서, 종합적으로 모두 구성되는 대형 플랜트만큼은 아니지만 프로세스, 배관, 전기 계장을 맡은 엔지니어 등이 필요하다. 패키지 업체는 이러한 담당자뿐만 아니라 서비스 엔지니어를 많이 보유한다. 특정 장치를 플랜트에 설치하면 수년에서 수십 년간 활용하는데, 이를 유지보수하는 전문가가 있어야 하기 때문이다. 문제가 간단하면 플랜트 운영 인력이 스스로 수리하겠지만, 발전기 내부처럼 구조가 매우 복잡하면 전문 엔지니어가 조치해야 한다. 가정에서 냉장고나 에어컨이 고장 나면 서비스센터에 수리를 요청하는 것과 비슷하다.

장치가 복잡하면 하루 이틀 만에 수리할 수 없을 때가 많으므로 길면 수개월까지 플랜트에 거주하면서 손봐야 하는 경우가 허다하다. 서비스 엔지니어를 부르는 비용은 시급이 1백만 원 이상도 될 정도로 비싸지만, 플랜트를 운전하지 못하여 하루 수억 원에서 수십억 원의 손실을 내는 것에 비하면 아무것도 아니다.

대표적인 벤더 회사로 베이커휴즈를 들 수 있다. 본래 오일과 가스 운영 서비스를 위주로 하는 대형 에너지 기술 회사지만 제너럴 일렉트릭GE과 일부 사업을 합병하고 분사하는 과정을 거쳐 현재는 플랜트의 핵심 설비인 발전기도 설계하고 제작한다. 독일의 지멘스와 더불어 플랜트의 발전 설비를 제작하는 업체로서 이 분야에서 중요한 역할을 하고 있다.

패키지 설비를 담당하는 벤더 외에 밸브나 계기 같은 단일 품목을 전문적으로 생산하는 업체도 많다. 밸브 중에서도 수동 볼 밸브나 글로브 밸브 같은 제품만 생산한다면 프로세스나 전기 계장 엔지니어는 필요하지 않을 것이다. 수동 밸브가 아닌 제어 개념을 포함시키고 흐르는 물질의 물성에 따라 내부 구조를 설계하고 제작해야 하는 컨트롤 밸브를 만든다면 프로세스, 전기와 계장 엔지니어도 필요해진다.

이처럼 보다 전문적인 물품을 담당하면 그에 맞게 조직의 구성원이 결정된다. 이 업체들도 서비스 엔지니어가 있지만, 플랜트에서 자체적으로 수리할 수 있는 경우도 많고 필요하면 플랜트에서 들어내어 벤더의 공장으로 보내 조치할 수 있는 경우도 많으므로 패키지 설비 업체처럼 많은 서비스 엔지니어를 보유하지는 않는다.

지금까지 살펴본 벤더 업체는 건설 엔지니어링 업체에 비해 수가 매우 많으며 규모도 건설회사나 엔지니어링사보다 큰 업체부터 중소기업까지 다양하다. 플랜트 건설과 운영의 핵심은 경제성이므로 발주자와 계약자 입장에서는 기술력이 좋으면서도 저렴한 제품을 공급할 수 있는 벤더를 선호한다. 그렇지만 더 중요한 점은 이들이 플랜트 하나를 건설하는 데 들어가는 수많은 기자재와 장치를 공급하기에 플랜트 엔지니어링 분야에서 빼놓을 수 없는 중요한 역할을 한다는 것이다.

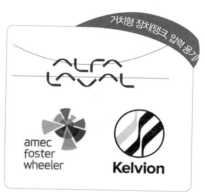

그림 35 장치 구성품별 대표적인 벤더 회사
전 세계에는 다양한 장치 구성품 벤더가 존재한다. 기술력과 가격 경쟁력이 있으면 국적과 관계없이 플랜트의 구성품을 납품할 수 있다.

엔지니어링 회사
플랜트 설계

지금까지 발주자, 계약자 그리고 벤더 등 플랜트의 주체에 대해 알아보았다. 이들 외에도 플랜트 설계를 전문적으로 하는 업체가 있으니 바로 전문 엔지니어링 회사다. 우리나라의 삼성엔지니어링, 현대엔지니어링도 엔지니어링 회사지만, 지금부터 이야기하려는 회사는 EPC 전반이 아니라 설계를 전문으로 하는 업체다.

설계 전문 엔지니어링 회사는 업무 영역이 설계에 집중되어 있기 때문에 프로젝트 관리와 설계 엔지니어 위주로 구성되어 있다. 일반 건설 엔지니어링 회사는 플랜트의 각종 기자재를 저장할 수 있는 창고나 조립할 수 있는 공장 혹은 야드를 보유하고 있지만, 설계 전문 엔지니어링 회사는 그것들이 필요 없다. 즉, 일반 사무 회사처럼 사무실, 컴퓨터 그리고 인력만 보유하면 되는 지식 기반 회사다.

이러한 회사의 수입원은 대부분 설계 비용이다. 지출은 설계할 때 필요한 각종 사무기기, 시뮬레이션 프로그램 라이선스 비용 및 인건비 등이다. 그러므로 플랜트를 건설하다가 발생하는 각종 사고나 수정 작업으로 인한 손실 같은 불확실성은 적다. 하지만 설계 프로젝트를 수주하지 못하면 수익이 발생하지 않고 인건비 지출이 계속될 것이다. 또한 프로젝트에 참여한 경험과 설계 엔지니어의 능력이 중요하다 보니 초기부터 대형 프로젝트를 담당하기는 어렵다.

설계 전문 엔지니어링 회사의 조직은 일반적인 건설 엔지니어링 회

그림 36 전 세계의 대표적인 엔지니어링 회사
전 세계에는 플랜트를 책임지고 설계하고 건설하는 엔지니어링 회사가 있다. 이들은 자신만의 기술력과 강점을 바탕으로 다양한 플랜트를 설계한다.

사의 설계 부문 조직과 비슷하다. 프로세스 설계, 배관 설계, 전기 설계, 계장 설계 등의 부서나 팀을 보유하며, 프로젝트 관리자가 곧 엔지니어링 관리자 역할을 한다.

엔지니어가 일할 공간만 있으면 되므로 단독 건물이나 대형 오피스 건물 중 몇 층을 임대하여 활용하곤 하며, 프로젝트가 시작되면 발주자의 건물이나 일반적인 건설 엔지니어링 회사에 해당 팀이 파견 가기도 한다. 엔지니어링 회사에서 발주자와 계약자가 머무를 공간을 마련해주기도 한다. 이때 다양한 프로젝트가 동시다발적으로 진행되므로 보안을 유지하기 위해 각 층에 허가된 사람만 들어갈 수 있도록 조치하기도 한다.

프로젝트에 따른 팀 생성과 해산이 잦으면 이를 보조해주는 지원 부서도 구성된다. 예컨대 프로젝트가 시작되면 인원수에 맞게 사무실 가구나 컴퓨터, 복사기 등을 세팅해주며, 각 엔지니어별로 필요한 컴퓨터 프로그램을 설치해주기도 한다.

지원 부서와 비슷하지만 설계에 도움이 되는 기능을 하는 주요 부서는 도면 작업 부서다. 프로젝트별로 내용이 천차만별이지만, 도면 작업 부서는 각 설계 엔지니어가 요청하는 대로 도면을 작성해준다. 예를 들면 설계 엔지니어가 도면을 펜으로 그려서 전달하면, 도면 작업 부서는 이를 받아서 AUTOCAD 등의 프로그램으로 보기 좋게 전자식 도면을 작성한다. 도면 작업자는 플랜트 공정을 자세히 알 필요는 없으며, 요청하는 대로 빠르게 작성만 해주면 된다. 이처럼 각 프로젝트에서 쏟아져 나오는 업무를 각 담당자의 업무량에 맞춰서 효과적으로 분배한다. 지원 부서뿐만 아니라 경영, 회계, 영업 등의 부서도 일반 회사와 마찬가지로 구성된다.

　다른 회사와 달리 엔지니어링 업계에서 특이한 점은 바로 인력 이동이 잦다는 점이다. 플랜트의 종류는 매우 다양하고, 한 종류 안에도 아주 많은 시스템이 존재한다. 한 엔지니어가 이 모두를 알 수는 없다. 관련 엔지니어들은 특정 시스템별, 플랜트별로 각자의 경력이 있다. 만약 한 설계 엔지니어링 회사에 관련 프로젝트가 없으면 비슷한 프로젝트를 수주한 엔지니어링 회사로 스카우트되는 등의 과정을 거쳐 이직하기도 한다. 일반적인 건설 엔지니어링 회사도 비슷하지만, 설계 전문 엔지니어링 회사는 이런 현상이 더 흔하다.

　뿐만 아니라 어느 설계 엔지니어링 회사가 적절한 전문가를 고용하지 못하는 경우에는 다른 설계 엔지니어링 회사에 용역을 주기도 한다. 즉, 해당 부문에 대한 용역이나 컨설팅을 다른 회사에 의뢰하는데, 해당 업무가 주요 업무가 아니고 수주된 프로젝트에만 필요하다면 이러한 방법을 활용한다. 시급을 따지면 직접 고용하는 방식보다 비용이 많이 들고, 회사가 달라서 소통에 문제가 생길 수도 있지만, 프로젝트가 끝나면 해당 인력을 제대로 활용할 수 없으므로 장기적으로는 효과적인 방법이다.

　설계 전문 엔지니어링 회사는 여러 형태로 프로젝트에 참여한다. 프로젝트 단계에 따라 살펴보면, 초기 타당성 조사와 개념 설계 단계 업무를 전문적으로 하는 회사가 있다. 개념 설계에 특화된 회사로서, 인력 규모는 상대적으로 작으나 경제성 분석 전문가, 시뮬레이션 전문가, 개념 설계 전문가 등 위주로 구성되어 있고 연봉이 무척 높다. 우리나라에는 이러한 규모가 큰 개념 설계 전문 엔지니어링 회사가 거의 없으며 대부분은 해외 기업이다. 물론 프랑스의 테크닙 같은 대형 회사에는 개념 설계 부서가 따로 있어서 이 업무를 수행하기도 한다.

발주자가 초기 타당성 조사와 개념 설계를 마치고 프로젝트를 진행하겠다고 결정하면 이제 기본 설계를 한다. 기본 설계 단계에는 P&ID나 3D 모델링 정도로 상세하게 설계해야 하므로 개념 설계가 아닌 기본 설계 업무를 할 수 있는 설계 엔지니어링 회사를 활용해야 한다. 이 기본 설계를 FEED Front end engineering design라고 한다. 대부분 해외 전문 엔지니어링사가 기본 설계를 수행해왔고, 이 분야에 취약했던 우리나라 업체들도 최근 설계 역량을 강화하여 기본 설계를 할 수 있다.

기본 설계를 하려면 개념 설계 단계에 나온 초기 설계 성과물을 활용하여 실제로 플랜트를 설계하듯 수많은 문서와 도면을 작성해야 한다. 경험이 적은 설계 회사는 백지 상태에서 시작하는 것과 같으므로 사실상 기본 설계 전체를 수행하기는 쉽지 않고, 비슷한 유형의 플랜트를 수행한 실적인 일명 트랙 레코드 Track record가 많고 설계 전문가를 많이 보유한 중대형 이상의 설계 엔지니어링 회사가 일을 맡는 경우가 대부분이다. 설계 엔지니어링 회사는 각종 시뮬레이션 같은 고급 설계 기술도 필요하므로 관련 전문가를 보유해야 한다. 이처럼 기본 설계를 하는 회사에는 일반적인 EPC 회사와 마찬가지로 프로세스 설계, 배관 설계, 전계장 설계, 토목 설계, 기계 설계 등 모든 분야의 전문가가 필요하다.

설계 전문 엔지니어링 회사가 기본 설계를 마치면 발주자는 해당 성과물을 활용하여 프로젝트를 발주한다. 즉, 플랜트를 지어줄 계약자를 찾는다. 이때 EPC 플랜트 회사가 대거 입찰에 참여한다. EPC 플랜트 회사는 말 그대로 설계, 구매, 건설 모두를 할 수 있는 회사다. 해외 플랜트 회사는 각 분야의 전문가를 폭넓게 보유하고 있으나, 우리나라 업체들은 설계 중에서도 상세 설계 후반 단계부터 생산 설계 위주로 인원이 구성된 경우가 많다. 이 때문에 대형 프로젝트의 발주자는 EPC 플랜트 회사에 모두 맡기는 것이 아니라 설계 전문 엔지니어링 회사를 고용하도록 요구하는 경우가 많다. 우리나라 회사들도 해외 설계 전문 엔지니어링 회사와 컨소시엄을 이루어 입찰을 진행하는 경우가 많다.

플랜트 프로젝트가 본격적으로 시작되면 초기 상세 설계 단계는 설계 전문 엔지니어링 회사가 주도적으로 진행한다. 수개월에서 길면 1년 이상까지 상세 설계를 하면 중요한 설계 사항은 대부분 결정되며, 입고되는 장치를 설치하고 조립하는 데 필요한 후속 작업만 남는다. 이때 설계 전문 엔지니어링 회사는 설계 역무를 EPC 플랜트 회사에 인계 Hand-over한다. 원활한 인계를 위해 일부 인원이 지원하기도 하지만 그들의 주요 역무는 끝난다.

컨설턴트
프로젝트 진행의 수호신

지금까지 살펴본 발주자, 계약자, 벤더 그리고 설계 전문 엔지니어링 회사가 플랜트 프로젝트의 주축을 이루지만, 프로젝트를 원활하게 진행하려면 설계 컨설팅 회사도 필요하다. 설계 컨설팅 회사는 계약자나 설계 전문 엔지니어링 회사가 하지 못하거나 발주자가 신뢰도 높은 설계를 위해 요구할 때 전문적인 업무를 수행하는 회사다.

대표적인 전문 업무 중 하나는 바로 HAZOP이다. 위험성 및 운전성Hazard and operability을 검토하는 일종의 워크숍인데, 플랜트를 설계할 때나 건설이 끝난 후 운영할 때도 필요한 중요한 요소다. 설계 단계에서는 본격적으로 구매와 제작을 하기 전에 진행하는데, 플랜트에 어떠한 위험 요소가 있는지, 그 요소에 대처할 수단이 있는지를 자세히 검토하고 개선점을 찾는다. 또한 어떻게 하면 플랜트를 효율적이고도 편리하게 운영할 수 있을지 방안을 검토하고 도출한다.

HAZOP 워크숍은 발주자와 계약자 측의 담당자가 모여 브레인스토

216

밍 방식으로 진행하는데, 이때 진행을 도와주는 전문 컨설팅 회사도 있다. 이 회사는 전 세계를 다니면서 HAZOP을 전문적으로 진행하기 때문에 일 처리가 체계적이면서 전문적이다. HAZOP을 발주자나 계약자 어느 한쪽에서 진행하면 편파적인 결과가 나올 수도 있는데, 해당 컨설팅 회사는 제삼자 입장에서 중립을 유지하고 필요하면 중재도 하며 원활하게 진행한다.

특정 프로젝트 때문에 HAZOP을 개최한다고 하면 여러 후보를 추리고, 이후 발주자와 계약자가 동의하여 선택하면 시작한다. 해당 회사에서는 보통 의장Chairman과 서기Scriber를 파견한다. 의장이 워크숍을 총괄 진행하고, 서기는 워크숍에서 나온 사항을 모두 체계적으로 기록한다. 의장은 보통 수십 년의 경력을 보유한 전문가가 많고 플랜트 시스템에 대한 해석 능력이 뛰어나다.

짧으면 몇 주에서 길면 몇 개월까지 온종일 진행되는 HAZOP 워크숍이 끝나면 주요 검토 사항과 함께 추천 사항Recommendation이 도출된다. 이 추천 사항이 바로 설계에 반영해야 하는 사항이며, 반영하지 않으려면 합당한 근거를 들어야 한다. 예를 들어 특정 시스템에 과압이 발생할 가능성이 있으므로 안전밸브를 설치해야 한다고 추천 사항이 나온다면 안전밸브를 설치해야 한다. 만약 설치하지 않는다면 그 이유를 들어야 하며, 이를 문서로 작성하여 발주자에게 제출해야 한다. 만약 발주자가 이를 받아들이지 못한다면 서로 동의할 때까지 여러 차례 논의해야 한다.

HAZOP 전문 회사와 더불어 빈번하게 고용되는 회사는 IVBIndependent

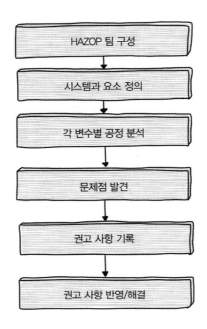

그림 37 HAZOP의 주요 과정

HAZOP은 이해관계자를 모아 팀을 구성한 후 오랫동안 플랜트 설계 문서와 도면을 검토하여 안전과 운전 측면의 문제, 개선해야 할 부분을 면밀하게 검토하는 매우 중요한 워크숍이다.

verification body라는 독립적인 플랜트 검증 전문 회사다. 주로 노르웨이의 DNV, 미국의 ABS처럼 검사와 인증을 전문으로 하는 회사 또는 프로젝트에 이해관계가 없는 엔지니어링 회사가 이 업무를 맡는다.

이들은 발주자나 계약자 어디에도 소속되지 않고 독자적으로 플랜트 EPC 과정과 성과물을 검토한다. 물론 발주자나 계약자가 비용을 지불하지만, 어느 쪽 입장에 치우치지 않고 중립적인 입장에서 검토한다. 발주자나 계약자 모두 서로의 이해관계가 명확하고 각각의 이익을 위해 업무를 수행하므로 이러한 독립적인 제삼자 회사가 있으면 플랜트 EPC

를 합리적으로 할 수 있다. 이들은 설계 분야를 주로 검토하지만, 구매와 건설 과정에도 참여하여 검증을 진행하기도 한다. (감리의 일종이라고 볼 수 있다.)

.

플랜트 전문가가 되려면?

영어 능력을 기르자

플랜트는 막대한 비용과 긴 기간이 필요한 만큼 무척 다양한 사람들의 이해관계가 얽혀 있다. 또한 여러 전문가가 참여하여 서로의 이익을 위해 경쟁하는 만큼, 플랜트 엔지니어는 전문적이고 실력이 좋을수록 인정받는다.

그렇다면 플랜트 엔지니어가 갖추어야 할 일반적인 소양은 무엇일까? 현재 전 세계의 플랜트 프로젝트는 영어를 기반으로 진행된다. 국적이 무엇이든 영어는 필수적이다. 대부분의 글로벌 플랜트 프로젝트는 대부분의 문서가 영어로 작성된다. 문서뿐만 아니라 수시로 진행되는 각종 회의에서 활용되는 언어도 영어다. 플랜트를 설계하고 건설할 때 들어가는 각종 장치나 제품은 전 세계에서 납품된다. 기본적인 기술력과 가격 경쟁력이 있다면 어느 나라에 있든 해당 플랜트 프로젝트에 성공적으로 참여할 수 있다. 이렇게 전 세계의 다양한 업체와 전문가가 참여하며 영어로 논의하기 때문에 영어만큼은 전문가 수준이어야 업무를 원활하게 진행할 수 있다.

우리나라의 교육 실정에 따르면 많은 이들이 학창 시절에 영어를 공부할 때 문법이나 읽기 등의 이론 위주로 교육받기 때문에 실제로 필요한 회화나 작문은 미흡한 경우가 많다. 학창 시절에 이러한 약점을 보완한다면 금상첨화겠지만, 전화영어나 영어로 일기 쓰기와 같은 연습을 꾸준히 하면 실력이 향상된다. 더 나아가 비즈니스 레터 쓰기와 같은 과목을 학습하면 향후 플랜트 엔지니어로 활약할 때 큰 도움이 된다.

학창 시절에 영어를 제대로 공부하지 않았다고 해도 걱정할 필요는 없다. 플랜트 회사에 취업하여 글로벌 프로젝트를 진행하다 보면 어쩔 수 없이 영어를 활용해야 한다. 생활을 위해, 그리고 일을 위해 필요하여 배우면 실력은 자연스럽게 나아진다. 그렇지만 무작정 부딪히기보다 전화영어 같은 수단을 활용하여 영어 실력을 쌓으면 일하기가 한층 수월할 것이다.

자격증도 필요하다

플랜트 엔지니어가 되었다면 영어 공부 외에도 전문가로서 경력을 설계하고 쌓아나가야 한다. 이와 관련하여 가장 추천하는 것은 자격 중 공부다. 자격증은 다양한데, 그중 무엇을 공부하면 경력에 도움이 될지를 검토하고 계획을 세워야 한다.

가장 기본적인 자격증은 대학교 4학년부터 취득할 수 있는 기사 자격증이다. 우리나라 한국산업인력공단에서 시험을 주관한다. 각 분야별로 전문적인 기사 자격증이 있는데, 본인의 경력 개발 방향에 따라 선택하면 좋고, 가능하면 실무에 도움이 되는 것을 취득하는 것이 좋다. 프로세스 엔지니어라면 일반적으로 화공기사나 가스기사가 좋다. 자격증을 취득하면 그 자체도 좋은 일이지만, 공부한 내용을 실무에 잘 활용할 수도 있다.

기사 자격증이 주니어 엔지니어가 취득하면 좋은 것이라면, 기술사는 해당 분야 최고 전문가로 발돋움할 수 있는 자격증이다. 기술사 자격을 취득하려면 많은 경험과 경력이 필요하다고 생각하여 준비를 늦게 시작하는 경우가 많다. 그러나 기술사 준비 시점은 이르면 이를수록 좋다. 즉, 자신이 전공으로 하는 공학이 적성에 맞고 플랜트 업계로 진출하겠다고 생각하는 순간부터 준비하는 것이 좋다.

여기서 준비란 본격적인 기술사 시험 공부가 아닌 마음가짐, 로드맵 설정 및 사전 준비를 포함한다. 기술사는 기사 자격증과 경력이 있어야 응시 자격을 만족할 수 있기 때문에 오랫동안 차근차근 준비해야 한다. 취업 후 기사 자격을 취득하지 못했다면 되도록 빨리 기사 자격을 취득하고, 4년 이상의 경력을 쌓고 기술사에 응시하는 것이 좋다. 대학 시절부터 방향과 목표를 설정하고 구체적인 계획을 세운 후 하나하나씩 이루면 보다 체계적으로 경력을 쌓을 수 있다. 또한 구체적인 로드맵을 설정하고 진행하면 학업 및 업무를 할 때도 보다 긍정적이고 적극적으로 실력을 향상시킬 수 있다. 로드맵 및 계획을 세울 때는 가능하면 교수님, 직장을 다니는 선배, 주변 기술사, 관련 수험서 저자 등에게 조언을 구하는 것이 좋다.

필자는 대학을 졸업하고 회사에 입사한 직후 기사 자격을 취득했고, 준비가 덜 된 상태였지만 4년 차에 경험 삼아 응시했다. (필기 시험 결과 50점 초반대로 불합격했다.) 이후 5년 차에 필기 및 실기 시험에 합격했다. 준비가 덜 된 상태일지라도 실제 시험에 응시해보니 후속 준비와 방향 설정에 큰 도움이 되었기에 이 자격을 준비하는 분들께는 응시하기를 추천한다.

기술사는 각 분야별로 나뉘어 있는데, 기사 자격을 취득한 후 4년간 관련 경력을 쌓으면 응시 자격이 주어진다. 만약 기사 자격이 없다면 더 많은 경력을 쌓아야 응시할 수 있으므로, 앞서 이야기한 대로 가능하면 빨리 취득하는 것이 좋다. 기술사 자격은 국가 기술 자격 중에서도 최상위 등급인 만큼 준비도 만만치 않다. 보통 1년에서 2년 이상, 매일 수 시간 이상을 투자해야 취득이 가능하다.

기술사 시험은 필기와 면접으로 구성되는데, 필기시험은 논술형으로 하루 종일 시험을 봐야 하므로 고생스럽다. 공부해야 할 과목도 많은 데다 내용을 서술식으로 써야 하므로 준비를 잘해야 한다. 종목에 따라 다르지만 보통 1년에 두 번의 기회가 있는데, 시험 준비가 미흡하더라도 가능하면 시험을 한 번 쳐보는 것이 중요하다. 실제로 응시해보면 시험장의 분위기부터 어떻게 준비해야 할지도 감이 잡히기 때문이다. 필기 시험은 상당히 고생스럽지만, 면접시험은 상대적으로 수월하다. 필기시험을 준비하면서 내공이 쌓인 상태이기 때문에 큰 문제가 없다면 면접에서도 합격할 수 있다. 다만 머릿속의 지식을 효과적으로 면접관에게 전달하는 방법을 연습할 필요가 있다.

기술사 자격을 취득하면 무엇이 좋을까? 해당 분야의 전문가가 되었다는 의미 외에 구체적으로 도움이 되는 점을 살펴보면 다음과 같다. 우선 취업과 관련하여 기술사는 해당 분야의 전문가임을 증명하므로 모든 관련 기업 서류 및 면접 전형 시 직간접적으로 우대받을 수 있다. 화공기술사라면 특히 정유회사, 중공업회사, 석유화학회사, 관련 공기업 등에 취업할 때 유리하다.

다음 장점을 보면 재직자 우대 사항이다. 기술사 자격을 취득하면 재직 중인 회사의 인재풀Pool에 등록되어 전문가로 인정받고, 유학이나 경영자 코스 등의 기회를 얻을 확률이 높아진다.

뿐만 아니라 기술사 자격을 취득하면 대부분의 회사가 일시금 혹은 매월 일정 금액의 수당을 지급한다. 주요 대형 건설회사에서는 박사와 동일하게 간주하여 최대 월 50만 원까지 수당을 지급하며, 상여금 및 성과급 항목에서도 추가 이득을 얻는 경우가 있다.

또한 회사뿐 아니라 공직에 진출하고자 한다면 6급 이하 및 기술직 공무원 채용 시험에 응시할 때 가산점을 받을 수 있다.

그리고 일반적으로 공직에 진출하는 기술고시와 더불어 민간 경력자로 특채될 기회도 있다. 7·9급 민간 경력자 특별 채용의 경우 기술사는 박사와 동등하게 취급되어 자격 요건 중 하나로 인정된다. 공학 관련 기술사는 특허청의 사무관이나 기술 관련 부처의 경력직에 채용될 때 지원 자격 요건을 부여받을 수 있다.

앞에서 본 것처럼 기술사의 활용 분야는 광범위하다. 무엇보다도, 기술사를 준비하면서 체득하는 전문 지식, 체계적인 자기 관리 능력 등을 통해 종사하는 직종에서 보다 전문적으로 업무를 수행할 수 있으며, 여기서 느끼는 보람도 대단히 크다. 아울러 기술사 자격을 취득하면 관련 분야 혹은 타 분야의 전문가들과 교류할 기회도 많아지기 때문에 그만큼 잠재적인 가치가 대단히 크다. 즉, 자격증을 취득하여 얻는 수당 같은 직접적인 이득이 없더라도, 이러한 잠재적인 가치가 있다는 사실을 알고 준비한다면 많은 시간과 노력이 필요한 기술사 준비도 즐기면서 할 수 있을 것이다.

해외 기술사 자격이 있으면 금상첨화

해외에서도 우리나라의 전문적 기술 자격과 유사한 자격 제도를 시행하고 있다. 각 국가들이 나름대로 기술사를 관리하고 있다. 예를 들어 미국에는 PE Professional Engineer라는 기술사 자격이 있고, 영국에는 차터드 엔지니어 Chartered Engineer라는 자격이 있다.

특정 플랜트 프로젝트를 수행할 때 이러한 자격을 필수적으로 요구할 때도 있다. 우리나라도 마찬가지지만, 자격을 보유하고 있으면 해외 엔지니어링 회사에 취업할 때 우대받을 수 있다.

응시 자격이나 시험 유형은 자격별로 다르다. 미국 기술사는 두 단계의 시험에 합격하고 주에 등록되면 기술사로 활동할 수 있다. 1단계는 FE$^{Fundamental\ Engineer}$라는 시험인데 우리나라로 따지면 기사 자격이다. 미국 자격증이지만 우리나라에서도 응시할 수 있다. 시험 유형은 대부분 객관식이다. 관련 분야 학사를 졸업했다면 무난하게 통과할 수 있고 합격률도 50퍼센트 수준으로 높은 편이다. 영어로 보는 시험이기 때문에 영어로 된 각종 수학과 공학 용어에 익숙해야 한다.

FE에 합격하면 비로소 PE 시험을 볼 수 있다. FE가 기사라면 PE는 기술사인데, 그만큼 FE보다는 심층적인 문제가 많이 출제된다. 화공 분야에서는 관련 과목인 유체역학, 반응공학, 분리 공정 등에 대한 문제가 많고 계산하는 문제도 많으므로 익숙해질 때까지 공부해야 한다. 그러나 한국의 기술사 필기시험보다는 쉬운 편이어서 6개월에서 1년 정도 공부하면 무난하게 합격할 수 있다.

PE 시험까지 합격하면 다음으로 해야 할 것은 바로 등록이다. 우리나라에서는 시험에 합격하면 이후의 등록은 형식적인 절차지만, 미국 기술사는 특정 주에 등록해야 정식 기술사로 활동할 수 있다. 우리나라 사람들이 많이 등록하는 주는 오리건, 텍사스, 켄터키 등이다. 미국 이민을 생각하는 지역이 있다면 그곳에 등록하면 되고, 아니라면 본인의 상황에 맞게 수월할 것 같은 곳에 등록하면 된다.

시험보다도 등록하는 과정이 더 까다롭다고 할 정도로 준비해야 할 사항이 많다. 텍사스주의 경우 학력 인증, 추천서 다섯 개, 경력 인증, 범죄 사실 확인 등을 준비해야 한다. 학력 인증은 미국기술사시험위원

회 ^{NCEES}라는 기관을 통해 진행하는데, 다녔던 학교로부터 영문 성적표, 과목 기술서^{Course Description}를 받아서 접수해야 한다. 추천서는 기본적으로 미국 기술사로부터 최소 세 건이 필요하고, 기타 두 명의 추가 추천이 필요하다. 소속된 회사에 미국 기술사가 많지 않으면 추천서를 구하는 일도 쉽지 않다.

경력 인증은 지금까지 수행한 프로젝트 위주로 작성하면 이를 직장 상사 등이 인증하는 식으로 진행된다. 이직 경험이 많으면 각 경력 모두에 대해 인증을 받아야 한다. 이렇게 다양하게 준비해야 주에 등록 신청을 할 수 있고, 서류 검토가 끝나면 비로소 정식 기술사로 활동할 수 있다.

영국 기술사인 차터드 엔지니어는 미국 기술사와 취득 절차가 다르다. 영국에는 엔지니어링 카운슬^{Engineeirng Council}이라는 국가 기관이 있고, 그 아래 분야별로 다양한 협회 형태의 기관이 있다. 그중에서 관련 있는 협회를 통해 기술사 자격 취득과 등록을 진행할 수 있다. 협회별로 다르지만, 보통 1차에서 기술보고서 및 역량보고서를 평가받는다. 이 과정을 통과하면 기술 인터뷰를 진행해 심사를 받는데, 심사 중 많은 지적 사항들에 원활하게 대처하면 2차로 넘어가 다시 기술 인터뷰를 한다. 전문가 두 명과 두 시간 정도 영어로 끊임없이 질문과 답변을 주고받는데, 인터뷰 직후 몸살이 나서 앓아누운 경험이 있을 정도로 힘든 과정이다.

기술보고서와 역량보고서 모두 '기본 원리에 대한 이해'가 가장 중요하다. 예를 들어 화학 공정 시뮬레이션 및 최적화에 대한 기술보고서를 제출했다면, 이 보고서 안에 관련되는 열역학, 반응공학 등 각종 기본 원리들을 적용한 내용이 모두 들어 있다고 증명해야 한다. 심사자가 이러한 기본 원리에 대한 적용이 불충분하다고 판단하면 지적을 받고 내용도 많이 수정해야 한다. 역량보고서의 경우도 현재까지 어떤 기본 원리를 이용해 업무를 수행했고 어떤 성공적인 결과를 얻었는지를 구체적으로 설명해야 한다. 즉, 자신의 경험에 비추어 역량보고서를 작성하되 무작정 경험만 기술하면 안 된다. 보고서 통과 자체가 중요한 것이 아니라 보고서에 나온 항목 하나하나에 대한 기본 원리를 이해하고 파악하고 있는지를 평가하기 때문이다. 이러한 점에 유의하고 충실하게 준비하면 기술 인터뷰는 무난하게 진행할 수 있다.

프로젝트 관리 기법을 익히자

각 분야의 국내외 전문 기술 자격뿐만 아니라 플랜트 엔지니어라면 갖추면 좋은 소양은 바로 프로젝트 관리 기법이다. 플랜트 프로젝트를 수행하다 보면 일이 체계적으로 진행될 때가 있고 그렇지 않을 때도 있다. 일정 관리, 인력 관리, 비용 관리 등의 프로젝트 관리 기법을 잘 적용할수록 프로젝트를 효율적으로 진행할 수 있다.

직접적으로 프로젝트를 관리하는 일은 PM이라고도 불리는 프로젝트 관리 부서에서 진행하지만, 일반적인 플랜트 엔지니어도 프로젝트를 어떻게 관리해야 하는지 알아두면 보다 넓은 시각으로 프로젝트를 바라볼 수 있고 그만큼 더 많이 배울 수 있다. 프로젝트 관리와 관련 있는 대

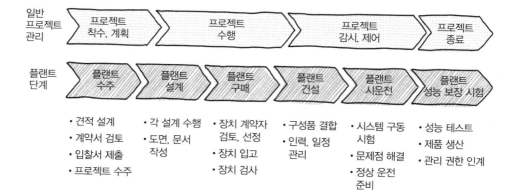

그림 38 프로젝트 관리 기법
프로젝트는 시작부터 종료까지 단계별로 체계적으로 관리해야 한다.

표적인 자격증으로는 프로젝트 관리 전문가Project Management Professional, PMP라는 해외 자격이 있다. 이 자격을 공부하고 취득하면 일반적인 프로젝트 관리 기법을 깊이 배울 수 있으므로 일반 플랜트 엔지니어에게 추천하고 싶다.

각종 규격과 표준서를 공부하자

플랜트 엔지니어로 일하다 보면 각종 규격과 표준서를 많이 접한다. 규격과 표준서는 프로젝트별로 매우 다양하다. 한 회사에 소속되면 비슷한 프로젝트를 반복하게 되는데 이 경우에는 특별히 적용되는 규격과 표준서가 어느 정도 정해져 있다. 종류가 많고 내용이 방대하기 때문

229

에 하나하나 제대로 공부하기는 어렵고, 전체적인 목차와 핵심 내용만 파악해도 업무를 수월하게 진행할 수 있다. 틈틈이 공부하면 전문가로서 역량을 강화하는 데 큰 도움이 될 것이다.

플랜트에 따라 다양하지만 각 규격과 표준서의 핵심은 동일하다. 규격과 표준서를 작성하고 제정하는 이유는 플랜트 장치와 설비의 수준을 최소한의 요건 이상으로 정해두기 위해서다. 플랜트는 종류별로 목적과 기능이 천차만별이지만, 제일 우선시해야 하는 것은 바로 성능 보장과 안전이다. 규격과 표준서는 이를 위해 존재한다.

플랜트의 기능과 목적이 각자 다르더라도 활용되는 구성품은 비슷하므로 규격과 표준서도 그 원리는 비슷할 수밖에 없다. 대표적인 표준서로서 안전밸브를 살펴보자. 안전밸브는 어떤 장치나 시스템의 압력이 비정상적으로 높아지는 경우 이를 보호하기 위해 내용물을 배출하는 장치다. 지난 수십 년간 전문가들은 안전밸브에 대한 기술을 연구했고, 이를 집대성한 것이 바로 안전밸브 표준서다. 오일과 석유 분야의 안전밸브 관련 규격은 미국석유협회American Petroleum Institute, API에서 제정한 문서다. 이 문서는 상황에 따라 어떻게 안전밸브를 설계하고 어떤 방식으로 설치해야 하는지를 추천하고 필수적인 절차를 담았다. 즉, 안전밸브 설계와 설치 방법에 대한 세부적인 내용을 담고 있는데, 플랜트의 설비를 보호하기 위한 내용인 만큼 다른 종류의 플랜트에도 비슷한 원리가 적용된다. 이러한 표준서의 내용을 이해하고 터득하면 다른 플랜트에 적용되는 안전밸브도 이해하고 적용할 수 있다. 즉, 오일과 가스 분야뿐만 아니라 다른 플랜트 분야에도 관련 표준서가 제정되어 있는데, 적용되는 기술의 원리가 비슷하다면 표준서의 맥락도 비슷하다는 것이다.

지금까지 영어, 전문 기술 자격, 프로젝트 관리 자격, 그리고 직무 관련 전문가가 되기 위한 방안을 살펴보았다. 어떠한 분야에서 성공하려면 운과 시기도 중요하지만, 앞에서 언급한 바와 같이 어느 정도 실력과 자격을 갖추면 다른 사람들보다 더 빠르게 기회를 얻을 수 있다. 본인이 종사하는 분야에서 실력과 자신감을 갖추면 보다 보람 있게 일할 수 있고, 더 나아가서는 일에 재미를 느낄 수도 있을 것이다.

우수한 플랜트 엔지니어가 되는 길에는 왕도가 없다. 그러나 누구든 자신이 설계하고 건설한 플랜트가 제 몫을 해내는 모습을 보면 큰 보람과 자부심을 느낄 것이다. 더 나아가서는 더 나은 플랜트를 만드는 전문가가 되기 위해 더욱 열심히 노력하고 정진할 수 있을 것이다.

Q. 리드 엔지니어가 되려면 어떻게 해야 하나요?

리드 엔지니어는 플랜트 각 부분의 설계를 책임집니다. 그렇기 때문에 부담이 될 수도 있지만, 그만큼 해당 플랜트 프로젝트에서 중요한 역할을 한다는 뜻이기도 합니다. 프로세스 설계를 예를 들면 리드 엔지니어가 주도하여 플랜트의 주요 기능을 설계하고 제대로 작동할 수 있게 실현한다는 것입니다. 리드 엔지니어가 된다는 것은 그만큼 믿음직하고 회사에서 인정받은 결과라고 할 수 있습니다. 주니어 엔지니어 시절부터 맡은 소임을 충실히 하고 책임감이 있으면 결국 플랜트 프로젝트 설계를 주도하는 리드 엔지니어가 자연스럽게 될 수 있습니다.

Q. 플랜트 엔지니어는 연봉이 얼마나 되나요?

플랜트 엔지니어에 대한 대우는 회사별로 천차만별입니다. 국내 대기업 플랜트 엔지니어의 경우 연봉이 4천만 원대로 시작하며, 경력과 직급이 올라감에 따라 1억 원 내외까지 형성됩니다. 평범하게 회사의 업무에 충실하고 안정적으로 일하는 경우의 액수입니다.

외국의 경우는 국내와 다릅니다. 해외에서는 플랜트 엔지니어를 전문직으로 인식합니다. 대우가 좋은 경우에는 시급이 수십만 원, 연봉은 수억 원에 이를 정도로 인정받습니다. 다만 이는 프로젝트직, 우리나라로 보면 계약직 기준이며, 프로젝트가 종료되면 고용이 보장되지는 않으므로 안정성을 따진다면 좋지 않은 선택일 수도 있습니다. 특히 2010년 후반에 오일과 가스 가격이 폭락하여 관련 산업이 침체한 시기에는 프로젝트 관련 직종이 상당한 어려움을 겪었습니다. 그래도 능력이 출중하면 시대가 어떠하든지 인정받기 마련이므로 전문 지식과 경험을 충실하게 쌓았다면 합당한 대우를 받을 수 있습니다.

Q. 해외 플랜트 업체에 취업하려면 어떠한 노력을 해야 하나요?

국내에서만 교육받았다면 언어가 취약한 경우가 많으므로, 대학을 졸업하고 바로 해외 플랜트 업체에 취업하기는 쉽지 않습니다. 국내 플랜트 업체에서 탄탄하게 경력을 쌓으면 해외 플랜트 업체에 취업하기는 어렵

지 않습니다. 특히 관련 국가의 프로젝트를 수행한 경험이 있다면 해당 업체에 취업하기가 용이합니다. 물론 이를 위해서는 언어 실력을 길러야 합니다. 기본적으로 활용되는 영어는 전문가 수준에 이르러야 하며, 가능하다면 원하는 해외 업체의 국가에서 쓰는 언어까지 익히면 좋습니다. 한편 해외 플랜트 업체에는 대부분 프로젝트직으로 취업하므로 본인의 실력에 자신 있어야 하는 것은 물론이며, 다소 불확실한 상황을 감내해야 합니다.

Q. 저유가 시대에 플랜트 엔지니어의 전망은 어떤가요?

————

2014년 셰일가스와 오일이 대규모로 생산되면서 석유와 가스 관련 산업이 극심하게 위축되기 시작했습니다. 이후 수년이 흘렀음에도 여전히 유가가 폭락 전의 가격을 회복하지 못하고 있기에 관련 산업이 어려움을 겪긴 하지만 그래도 점점 회복하고 있습니다. 플랜트 시장은 경기에 민감한 것이 특징입니다. 호황일 때는 인력을 구하지 못할 정도로 전문가가 부족하고, 반대로 불황일 때는 일자리가 많이 감소하는 경향이 있습니다. 그렇지만 산업이 아무리 위축되더라도 플랜트는 계속 지어지고 가동되어야 하므로 실력만 제대로 갖추고 있다면 플랜트 엔지니어의 전망은 밝습니다. 특히 원유나 가스 가격이 좋지 않을 때 반대로 정유나 석유화학 부분은 호황일 수도 있고, 관련성이 적어 보이는 반도체 산업의 업황이 좋을 수도 있습니다. 플랜트 엔지니어는 전통적인 석유 관련 산업에서도 필요하지만, 반도체나 환경 플랜트 같은 곳에서도 필수적으로 필요합니다. 또한 앞으로 신재생에너지, 수소에너지 산업이 발전할 때도 필요하므로 실력만 갖춘다면 어떤 산업이나 플랜트에서든 인정받는 엔지니어가 될 수 있습니다.

Q. 플랜트 엔지니어가 되기 위해 공대에 왔지만 도대체 무엇을 배우는 지 모르겠습니다.

플랜트 엔지니어가 되기 위해 공대에 진학하는 학생은 드문 편입니다. 그러므로 플랜트 엔지니어를 꿈꾸며 공대에서 각종 과목을 수강하면 실망할 수도 있습니다. 대학에서는 원리 위주로 배우기 때문에, 실제로 그 원리들을 어떻게 활용하는지가 모호할 수 있습니다. 가능한 한 해당 원리를 어떻게 현실에서 구현할지 늘 의문을 가지고 분석할 필요가 있습니다. 유체역학을 배운다면 해당 학문이 어떻게 플랜트에 적용되는지 의문을 품고 교수님께 문의하거나 더 나아가서는 플랜트 업무를 하는 선배나 관련 유튜브 영상을 접하는 것도 좋습니다. 대부분의 대학생이 자신이 무엇을 배우는지도 모르고 학교를 졸업하는 경우가 많습니다. 배우는 과목이 어떻게 활용되는지에 대해 의문을 품으며 학습하면 이 과목들을 왜 배우는지를 이해할 수 있을 것이고, 다른 사람들보다 더 빠르게 깨우칠 수 있을 것입니다.

Q. 전문적인 플랜트 엔지니어가 되기 위해 필요한 자격 중 하나인 기술사 자격은 언제 어떻게 준비해야 하나요?

기술사 자격은 해당 기술 분야에 대해 고도의 전문 지식과 실무 경험에 입각한 응용 능력을 보유하고 관련 자격 검정에 합격한 자에게 주어집니다. 우리나라뿐만 아니라 해외의 주요 국가에서 관련 제도를 통해 기술사 자격을 부여합니다. 이 자격을 보유하면 해당 공학 분야의 전문가로 인정받고 활동할 수 있습니다. 우리나라에는 기능사라는 등급부터 최고 등급인 기술사까지 관련 자격 제도가 있는데요.

기술사 자격을 취득하려면 많은 경험과 경력이 필요하다고 생각하고 준비를 늦게 시작하는 경우가 많습니다. 그러나 제 경험으로는 준비를 빨리 시작할수록 좋습니다. 화학공학 분야를 예로 들면, 대학 시절 화학공학이 적성에 맞고 연관 업계로 진출하겠다고 생각하는 순간(통상 대학교 3~4학년에 결정)부터 준비하는 것이 좋습니다. 여기서 준비란 본격적인 기술사 시험 공부가 아닌 마음가짐, 로드맵 설정 및 사전 준비를 포함합니다. 본 분야 기술사 자격인 화공기술사는 기사 자격증과 경력이 있어야 응시 자격을 만족할 수 있기 때문에 장기간에 걸쳐 차근차근 준비해야 합니다. 이와 관련하여 추천하고 싶은 과정은 대학교 3~4학년 혹은 입사 후라도 빠른 시일 내에 기사 자격을 취득하고, 4년간 경력을 쌓고 기술사에 응시하는 것입니다. 대학 시절부터 방향 및 목표를 설정하고 구체적인 계획을 세운 후 하나하나씩 이루어나가면 보다 체계적으로 경력을 쌓을 수 있습니다. 또한 로드맵을 구체적으로 설정하고 진행하면 학업 및 업무도 보다 긍정적이고 적극적으로 할 수 있으므로 실력을 빠르게 향상시킬 수 있습니다. 그러한 로드맵 및 계획을 세울 때는 가능하면 교수님, 직장을 다니는 선배, 주변 기술사, 관련 수험서 저자 등에게 조언을 구하는 것이 좋습니다.

만약 관련 분야에 취업한 상태라면, 기술사 시험을 칠 수 있는 자격을 되도록 빠르게 얻기 위해 기사 자격증을 취득하는 것이 좋습니다. 취업 전에 기사 자격증을 취득했다면 4년의 경력을 쌓은 후 기술사 시험에 응시할 수 있는데요. 시험을 볼 수 있는 시점을 염두에 두고 준비하여 응시하고, 실패하더라도 포기하지 않고 도전하면 빠르게 기술사 자격을 취득할 수 있을 것입니다. 실력이 좋은 엔지니어라고 해도 이를 객관적으로 증빙하기는 어려운데, 국가에서 인정한 기술사 자격을 보유하고 있다면 더욱 자신의 경력을 빛내고 더 다양한 기회를 얻을 수 있을 것입니다.

처음 읽는 플랜트 엔지니어링 이야기

1판 1쇄 발행 | 2022년 2월 15일
1판 3쇄 발행 | 2023년 8월 3일

지은이 | 박정호

펴낸이 | 박남주
편집자 | 강진홍
펴낸곳 | 플루토
출판등록 | 2014년 9월 11일 제2014-61호

주소 | 10881 경기도 파주시 문발로 119 모퉁이돌 304호
전화 | 070-4234-5134
팩스 | 0303-3441-5134
전자우편 | theplutobooker@gmail.com

ISBN 979-11-88569-32-8   03500

처음 읽는 양자컴퓨터 이야기

양자컴퓨터, 그 오해와 진실
개발 최전선에서 가장 쉽게 설명한다!

"젊은 양자컴퓨터 개발자 중에서 가장 빛나는 연구자가 쓴 획기적인 책. 양자컴퓨터의 본질을 보여준다!"
– 후루사와 아키라(도쿄대학교 교수, 세계 최초로 양자 텔레포테이션 실현, 광 양자컴퓨터의 대가)

"이 책의 저자인 다케다 슌타로 교수는 도쿄대학교에서 빛의 양자물리학인 양자광학에 기반한 양자컴퓨터를 연구하고 있다. 양자물리학의 원리를 설명하면서 이 책을 시작한 저자는 양자컴퓨터를 둘러싼 오해와 양자컴퓨터가 능력을 발휘할 수 있는 문제들을 소개하고, 마지막으로 실제 양자컴퓨터를 어떻게 만드는지 보여준다."
– 김재완 교수(고등과학원 부원장)

다케다 슌타로 지음 | 전종훈 옮김 | 김재완(고등과학원) 감수 | 244쪽 | 16,500원

처음 읽는 2차전지 이야기

탄생부터 전망, 원리부터 활용까지
전지에 관한 거의 모든 것!

"세계 최초의 전지인 볼타전지부터 현재 가장 널리 쓰이고 있는 리튬이온전지까지의 발전사를 기술적인 측면과 산업적인 측면을 고려해서 자세히 설명하고 있다."

– 한치환 박사(한국에너지기술연구원)

시라이시 다쿠 지음 | 이인호 옮김 | 한치환(한국에너지기술연구원) 감수 | 324쪽 | 17,000원

공대생을 따라잡는 자신만만 공학 이야기

수학과 과학, 실험과 설계,
4년 공대 공부의 모든 것!

★ 서울특별시교육청 용산도서관 추천도서

《공대생도 잘 모르는 재미있는 공학 이야기》《공대생이 아니어도 쓸데있는 공학 이야기》에 이은 한화택 교수의 세 번째 공학 이야기!

한화택 지음 | 332쪽 | 16,800원

처음 읽는 인공위성 원격탐사 이야기

경기 예측에서 기후변화 대응까지,
뉴 스페이스 시대의 인공위성 활용법

"인공위성이 보내온 지구 곳곳의 사진들을 보는 것만으로도 만족스러운데, 저자의 꼼꼼한 분석과 과학적 설명이 사진에 깊이를 더한다."
— 이은희(하리하라, 과학저술가)

"우주 분야에서 새로운 기회를 탐색하는 나로호 키즈들이 꼭 읽어보기를 강추한다."
— 박재필(나라 스페이스 대표)

김현옥 지음 | 248쪽 | 17,000원

나는 플랜트 엔지니어입니다

입사 2년차 초보 엔지니어가 리드 엔지니어가 되기까지,
현장감 넘치는 5년의 기록

★ 의왕시중앙도서관 책마루컬렉션 추천도서

"이 책은 플랜트가 어떻게 탄생하는지 엿볼 수 있게 해준다. 프로젝트의 시작인 수주부터 설계, 검토, 시운전 그리고 세계 각지의 현장에서 저자가 겪은 경험담을 생생하게 전달한다. 엔지니어링에 관심 있는 모든 사람들, 특히 진로를 고민하는 공학계열 학생들에게 강력히 추천한다."
— 임영섭(서울대학교 조선해양공학과 교수)

박정호 지음 | 264쪽 | 16,000원

우주에서 부를 캐는 호모 스페이스쿠스

뉴 스페이스 시대, 우리는 이 기회를 잡을 수 있을까?

★ 대구광역시립도서관 2021년 권장도서
★ 학교도서관저널 추천도서
★ 2020 한국과학창의재단 선정 우수과학도서
★ 책씨앗 좋은책고르기 청소년 주제별 추천도서

"우주개발에 전문 지식이 없는 독자들에게 뉴 스페이스의 의미를 쉽게 전달하는 것이 이 책의 미덕이다."
— 탁민제(카이스트 항공우주공학과 교수)

이성규 지음 | 260쪽 | 17,000원